U0320179

婺源美食

Wu yuan

方跃明 著

中国青年出版社

(京) 新登字083号

图书在版编目（CIP）数据

婺源美食/方跃明著. —北京：中国青年出版社，2014.7
ISBN 978-7-5153-2557-6

Ⅰ.①婺… Ⅱ.①方… Ⅲ.①饮食-文化-婺源县 Ⅳ.①TS971

中国版本图书馆CIP数据核字（2014）第155677号

责任编辑：金小凤
特约编辑：张 欢
封面设计：徐文杰

*

中国青年出版社 出版 发行
社址：北京东四十二条21号 邮政编码：100708
网址：www. cyp. com. cn
编辑部电话：(010)57350404 门市部电话：(010)57350370
三河市君旺印务有限公司印刷 新华书店经销

*

700×1000 1/16 10.75印张 1插页 149千字
2014年8月北京第1版 2014年8月河北第1次印刷
印数：1–5000册 定价：35.00 元

目　录

序/何况 …… 001

1. 清炖荷包红鲤 …… 001
2. 冷水塘鱼 …… 004
3. 骟鸡 …… 008
4. 婺源粉蒸菜(1) …… 011
5. 婺源粉蒸菜(2) …… 014
6. 婺源粉蒸菜(3) …… 018
7. 婺源糊菜(1) …… 023
8. 婺源糊菜(2) …… 027
9. 婺源糊菜(3) …… 030
10. 婺源煲菜(1) …… 034
11. 婺源煲菜(2) …… 037
12. 下溪狮头丸 …… 041
13. 段莘蹄髈 …… 044
14. 清炖石鸡 …… 048
15. 泥鳅煮豆腐 …… 051
16. 黄枝冬笋 …… 055
17. 煲碎肉 …… 059
18. 鄣笋猪蹄 …… 062
19. 话说干羊角 …… 066
20. 虫菜窖猪肉 …… 070
21. 酒糟鱼 …… 074

22. 酒糟猪耳朵 …… 078
23. 辣椒壳烎山鼠 …… 081
24. 闲话猪头肉 …… 084
25. 黄棘桌上珍 …… 088
26. 野藠炒鸡子 …… 091
27. 咸鱼烎豆腐 …… 095
28. 鸭板脚 …… 098
29. 二月春笋鲜 …… 101
30. 火煨辣椒 …… 104
31. 苦槠豆腐 …… 107
32. 蔬菜皇后 …… 111
33. 马兰绿茵茵 …… 114
34. 儿拳山蕨倍清新 …… 117
35. 南瓜筒　南瓜花 …… 121
36. 南瓜粿　南瓜皮 …… 125
37. 婺源羹 …… 129
38. 清明螺,抵只鹅 …… 132
39. 火烘肉　火烘鱼　火烘大肠 …… 135
40. 黄瓜钱 …… 139
41. 查记米酒 …… 142
42. 婺源糊 …… 146
43. 清明粿 …… 150
44. 馍粿 …… 154
45. 清华婺 …… 158

跋 …… 162

| 序 |

我18岁离开家乡婺源的时候,做梦也不会想到,偏僻闭塞的家乡有一天会成为外人向往的旅游热地。前不久在一个饭局上,有位美女听说我是婺源人,居然很不淑女地大呼小叫起来:“哇塞,你家乡比画还美啊,你怎么舍得离开?”我想说,不识愁滋味的美女呀,美的风景要有发现美的眼睛和感受美的心情,当年我一无闲心二无闲钱,思量的是去哪儿讨生活,眼里何来风景?

当然,我看或者不看,家乡的风景都在那儿。现如今,家乡的油菜花,家乡的古村落,家乡的徽派建筑,家乡的青山绿水,家乡的一草一木,都让蜂拥而来的游人惊艳。他们在大饱眼福之余,还以文字、图片、视频等形式发到网上与人分享,吸引更多的人来寻芳,以至这个仅有30多万人口的山区小县,某一天竟呼啦啦涌进了20多万游人。

婺源游无疑是一场视觉的盛宴!

浪迹异乡30年,家乡从未淡出游子的视线。为解思乡之苦,我常借助网络欣赏游人描绘家乡美景的美文。陶醉之余,有时我也不免感到困惑。照常理讲,出外旅游,除了看风景,还应该品尝当地的美食。可是,我在网络上却很少读到游人写家乡婺源美食的文字。是不喜欢吗?非也。一些去过的朋友眉飞色舞地告诉我,婺源的菜太有特色了,太美味了。可是,怎么个特色法,怎么个美味法,他们却说不上来。

有一天,我仿佛顿悟般地明白了:或许家乡的饮食文化太独特了,让他们猝不及防,加上相关文字资料缺乏,无从落笔成文。佐证我这一观点的例子可以在图书市场上找到。我收集了近百本有关家乡婺源的图书,但没有一本是专写婺源美食的。究其原因,最主要的是参考资料难觅,田野调查费时,不下大决心难出成果。

现在,方跃明先生勇敢地站了出来,他以一己之力为家乡填补了这一空白,令人感佩,可喜可贺。

家乡婺源古属徽州府,饮食文化在承继徽菜传统的基础上多有新创,其食材以山货、河鲜、农家蔬菜为主打,烹饪方法则以“蒸”和“糊”为鲜明特色,放言“无荤不可蒸,无素不可糊”。“蒸”和“糊”的料理方法,最大限度地保留了天然食材的原汁原味。仅仅列举一下这些菜名,就诱我直流口水:清炖荷包红鲤鱼、虫菜窖猪肉、冷水塘鱼、泥鳅豆腐、黄枝冬笋、火煨辣椒、苦槠豆腐、酒糟鱼、鸭板脚、粉蒸肉、糊豆腐、野蕨菜、黄瓜钱、清明螺、骗鸡、蹄髈、石鸡……这些菜也许不够“高、大、上”,但我敢打赌,品尝过婺源粉蒸鱼、粉蒸肉、糊豆腐、糊南瓜叶的游人,一辈子也忘不了那独特风味。

回想起来,在家乡的农家菜中,我最爱火煨辣椒。我的朋友何宇昭曾撰文介绍过这道菜的做法:火煨辣椒是一道极普通的农家菜,盛夏里农家菜的“急就章”,农忙时节来不及烧菜才赶出来的美味。在盛夏“双抢”异常繁忙时节的午时,你刚从毒辣的太阳下走进家门,还未来得及擦去浑身大汗, 便急着从菜篮子里拣出红的绿的老辣椒洗净,埋进从灶口退出的余火堆成的火炉,少顷,炉中哔叭微响,透出微微的焦香,扒开热灰,取出辣椒,椒皮变色,局部带有微焦便可。用干净的抹布将灰尘细细擦去,放入钵中,与事先准备的姜末蒜泥一起,捣成半碎,加入少许酱油、食盐、鲜葱,便成一道流光溢彩的好菜。这是一道极普通的家乡土菜,但在我吃来,却比鲍鱼、燕窝鲜美。

菜好吃,文难写。方跃明先生是“驴行一族”,走遍了家乡的山山水水,出版过《驴行婺源》一书。他是有心人,每到一处不忘尝鲜,不忘向草根厨师讨教,因此积累了大量宝贵的第一手资料。有次我随他下乡徒步游,在一间他熟悉的乡下小店品尝到几样地道的小菜,那种美味至今长留我的记忆中。据说,他书中写到的美食,都是亲自品尝过的。有这个坚实的基础,再处心积累爬梳史籍,追根溯源,便能如数家珍了。他还是格律诗词的狂热爱好者,文字功底扎实,于是一席舌尖上的盛宴,就这样端到了读者面前。我相信,有了这本书,婺源游不仅是一场视觉的盛宴,也是一席舌尖上的盛宴。

方跃明先生让我作序,我不敢推辞,因此有了以上感想。是为序。

何况

2014年5月20日于厦门

(作者系中国作家协会会员、中国报告文学学会会员、厦门市作家协会副主席、首届鲁迅文学奖获得者)

1. 清炖荷包红鲤

地处皖浙赣三省边界的江西省婺源县，近年来在旅游界声名鹊起，以“中国最美的乡村”饮誉神州内外，每年都喜迎着大量的海内外游客来这里旅游观光。据权威部门最新统计，2012年，一个人口不足36万人的小县，全年接待游客竟达到800万人次，位居江西全省第一。

婺源，除了以恬静秀美、旖旎迷人的田园村落风光，让众多游客耳目一新、豁然开朗之外，用婺源传统厨艺精心制作出来的珍馐佳肴，也同样让来婺源的游客大饱口福，连呼过瘾。比如，婺源的传统名菜“清炖荷包红鲤鱼”，就是一道汤香浓郁、色鲜味美的特色佳肴，品尝过后，让人赞不绝口。

婺源荷包红鲤鱼，头小尾短，背宽腹大，不但通体红艳，而且全身还会泛有粼粼金光。这种在全国都属独一无二的婺源荷包红鲤鱼，不

荷包红鲤鱼

清炖荷包红鲤鱼

仅具有营养丰富的食用价值，而且还有令人赏心悦目的观赏价值和神奇灵异的药用价值。更因为鱼的形状似荷包，因而自古以来又有“人间天物”的赞誉。

在婺源民间，荷包红鲤鱼历来被视为吉祥、喜庆之物，不仅家家放养池塘作为观赏，而且也是婚嫁迎娶的重要礼品之一。无论是时节喜宴还是家中来了贵客嘉宾，餐桌上也是万万不能缺少“清炖荷包红鲤鱼”这道象征大红大紫、雍容富贵的美味佳肴的。而且在鱼上桌后，鱼头还要对准客人，意喻“红(鸿)运当头”。另外，根据徽州人汪绂所著的《医林纂要探源》记载，婺源的荷包红鲤鱼还具有其他鱼无法比拟的药用价值。这位被一代能臣曾国藩称为“本朝有数名儒”(《曾国藩家书》，吉林出版集团有限公司，2010年，第39页)的婺源大儒，从祖国的传统医学角度出发，对荷包红鲤鱼做了如下的诠释：“此鱼和脾养肺，平肝补心，孕妇最宜食之。安妊孕，好颜色，止咳逆，疗脚气，消水肿，治黄疸”。

虽然在婺源，素来有“无荤不可蒸，无素不可糊(音户，读去声)”的烹饪水平，但从美食养生的角度出发，鱼还数清炖最为滋养。清炖荷包红鲤鱼的方法也不复杂，首先将鲜活的荷包红鲤鱼，剔鳃除鳞，剖腹去脏，洗净沥干，然后在鱼身两边分别划上菱形刀痕，再将鱼置于青花瓷盆内，撒上精盐，浇上老水酒和酒糟(一种婺源特制的水酒，没有的也可以用料酒代替)，并抹匀鱼身。等腌渍几分钟后，把葱白、姜丝、水发香菇、咸猪油(一种婺源农家特别腌制的板油，没有咸猪油也可以用火腿肉片或腊肉片代替，当然味道会稍稍有些逊色)做作料，置于鱼身。一旦锅中水烧开，即入锅清炖。先用急火炖上10分钟，然后用文火慢慢再焖上五六分钟，在阵阵诱人的袅袅香气中，色泽红亮的清炖荷包红鲤鱼就可以出锅食用了。刚才还是憨态可掬的“池中芳贵”，转眼已经是令人垂涎欲滴的“席上佳肴”。这个时候，如果能抿上一口清冽香甜的坑头老水酒(一种用糯米为主要材料酿制的婺源水酒),就着刚刚出锅、味美肉嫩的清炖荷包红鲤鱼,细细地嚼,慢慢地品,一种"钟鼓馔玉不足贵,但愿长醉不愿醒"的豪情,顿时会从胸中油然而生。这个时候的你,也许还会发出"龙山不俗风吹帽,辟蟹烹鲈品亦高"的无限感慨来。

相传,婺源的荷包红鲤鱼,是由位于该县北部的沱川乡理坑村的金家井繁衍而来的。在素有"理学渊源"的理坑村,在苍老残旧的"天官上卿"府邸,一个已有四百多年历史的传说故事流传至今:据说,明朝万历年间,时任户部右侍郎、总理漕运的婺源人余懋学(死后追封为工部尚书)告老还乡,神宗皇帝念其"代天巡狩"有功,特从御花园的水池中选出数尾红鲤鱼作为赏赐。又据说,皇帝的隆恩,当时曾令余懋学大伤脑筋。那个时候由于交通不便,加上路途遥远,万一鱼死在回乡的途中,岂不招来欺君之罪?正当余懋学寝食不安、苦思冥想却又一筹莫展的时候,他的夫人替他解了围,白天在鱼头上喷一口米酒,然后让醉鱼在荷叶的包裹中睡去;晚上到了客栈,再将红鲤鱼放到池中养起来。凭借这种方法,余懋学总算一路平安地将红鲤鱼带回理坑,并放养在村内的金家井里。从此,告别了御花园的红鲤鱼,在婺源得天独厚的土壤、气候和天然优良的水质培育下,开始了漫长的嬗变,嬗变成今日的千娇百媚,嬗变成今日的"雍容华贵之体态,鲜妍吉庆之色彩"。更让人瞠目结舌的是,荷包红鲤鱼一旦离开婺源水系的滋润,无论是颜色、外形,还是营养、肉质,都会发生质的变化,变得毫无特点,有的甚至还会掉色。而在婺源,颜色只会越养越红,越养越金光灿灿。

据《徽州府志》记载,荷包红鲤鱼自从被余懋学带回理坑后,逐步在婺源民间特别是沱川、浙源、鄣山、古坦一带得到了扩大放养。到了1979年,荷包红鲤鱼被列为全国鲤鱼良种。而且放养水域也扩大到了全县范围。如今,这种被人们视为"红红火火"代名词的富贵吉祥之物,不但游上了寻常百姓家的餐桌,游入了天南地北的游客腹中,而且还游到了北京的钓鱼台国宾馆,成为招待国家贵宾的一种特色佳肴。

2. 冷水塘鱼

漫步位于大山深处的婺源小山村,游客们会经常发现分布在村头村尾的那一口口不规则的小池塘。这些池塘普遍面积不大，也就在30—100平方米之间。面积虽然较小，但深度却很吓人，有的深度达5—6米。而且,池塘的修筑工艺也不含糊,不但用整齐划一的石头砌磅,有的还在石磅边上用整块的青石板铺成水埠。辛弃疾《清平乐·村居》中“最喜小儿无赖,溪头卧剥莲蓬”的景象,在婺源的这种水埠上一般都很容易见到。

池塘沿着村中蜿蜒而来的清澈小溪而建，上面还覆盖一些松枝、竹叶或者竹片之类的物什,用来遮挡炎炎夏日的强烈阳光。有的人家,为了贪图方便看鱼,索性将自己的房子和池塘连接在一起,并在池塘

山村风光

鱼塘

的石磅之上砌起了高大的围墙。这样的鱼塘,外面的人看不到,鱼塘的主人却随时都可以和鱼儿对话、聊天。闲暇之际,高兴之余,还可以携妻挈子地斜躺在池塘边的“美人靠”上,一面品茗,一面观赏清波浮影,好不惬意。

池塘靠溪水的那边,一般都辟有一进一出两个水口,洁净的溪流先从上水口奔涌而入,将池塘灌满水并滴溜溜地旋转几个轮回之后,又从下水口处争先恐后地蜂拥泻出。这样设计的巧妙之处,就是使池塘的水无时无刻都能保持充足的养分和活力。透过光的折射,池塘里的那群大小不一颜色相同的黝黑的鱼,也就一览无余地暴露在人们的视线之中了。这,就是自古以来被婺源人视为珍宝的筵中珍品——冷水塘鱼了(冷水塘鱼,学名草鱼。因长期以来,婺源人一直挖塘蓄水,以山泉养鱼,故俗称“冷水塘鱼”,简称“塘鱼”)。

这些养在天然山泉里的冷水塘鱼,是婺源众多天然绿色食品中的佼佼者。这种鱼,因为终年养在深山之中,阳光少,水质好,水温低,所以塘里的鱼生长周期也很长。一条鱼苗,要经过两三年的精心饲养,才能长到1斤左右。又由于水质冷、鱼生长的速度太慢以及水中富含多种矿物质等原因,这种鱼长大之后,鱼的脊背全都是乌黑色,不含一点杂色。该鱼不仅味道极鲜,而且还有很高的药用价值,是滋阴补血的上等补品。据《婺源县志》记载,经历代医家临床验证,这种鱼对预防治疗风

冷水塘鱼

湿性关节炎、畏风祛寒、四肢冰凉、头晕目眩等病症，有非常不错的疗效。

在婺源当地，冷水塘鱼也是老百姓平时很难吃到的上等美食。即便是到了科学技术高速发展的今天，人们也只有到了每年的中秋节前后，才能吃上一两条。按照婺源的传统习俗，“塘鱼头，骟鸡尾”，是孝敬父母、长辈的最佳补品，也是馈赠亲友的首选礼物(注：骟鸡，一种经过阉割处理的公鸡)。因此，逢年过节，大家都愿意出高价钱买上冷水塘鱼，回家去孝敬父母或馈赠亲戚朋友。

婺源人吃冷水塘鱼，一般分两个步骤进行：先吃鱼头鱼尾，后吃鱼肉。最常规的做法是鱼头鱼尾清炖，鱼肉粉蒸。具体的制作方法为：将鲜活乱蹦的冷水塘鱼剖腹去脏、除鳞洗净后，先挂起来沥干鱼身上的水分。然后截头除尾，将中间的鱼肉部分，先用精盐稍稍腌渍，然后用石块压紧放在一边，以便日后或红烧或粉蒸。再将鱼头、鱼尾置于青花瓷盆或搪瓷盆内，撒上精盐，浇上老水酒或料酒(此时要特别注意鱼头的受味程度)，依旧把葱白、姜丝、水发香菇、咸猪油做作料，置于鱼头鱼尾处。先放到柴火灶或液化气灶上，急火猛炖十几分钟，然后用文火慢慢再焖上五六分钟(具体时间要根据鱼的大小而定，一般来说，炖到鱼眼发白无色时即可改用细火慢炖)。在翘首以盼的急切等待中，在弥漫着勾人口水的诱人香气里，乌黑发亮、味道鲜美的冷水塘鱼就可以新鲜出炉，让你一饱口福了。

上桌后的冷水塘鱼，肉质细腻，汤色像奶，黏稠如胶，吃过以后，人的嘴唇会有一种被黏住的感觉，黏性越强，说明鱼放养的年份越长，鱼的营养成分也就越高。因此，对人的滋补效果也就越大了。

婺源的冷水塘鱼，向来以鄣山顶村和十八里桃溪的坑头村最为出名，其他如深藏在崇山峻岭中的沱川、浙源、大鄣山、段莘、溪头等乡镇的冷水塘鱼，无论从肉质、口感还是营养成分上来看，虽然也非常不错，但总的来说名气还是稍逊一筹。婺源，是一个没有工业污染的好地方，山清水秀，景色宜人，空气中负离子的含量，竟高达每立方厘米10多万个。

婺源放养冷水塘鱼的历史，据说可以追溯到南宋末期。当时，鄣山顶村有一个叫俞亮的村民，从山下买鱼回家到溪中“破鱼”时，一不小心，让几条还活着的小鱼跑到了村边的小溪里。当时，俞亮并没有在意，几年以后，俞亮在无意之中，突然发现，这条原本没鱼的山溪有了游来游去的鱼。于是，他就很刻意地进行观察，又把溪中的拦河坝用竹片给拦上，避免涨水时鱼儿顺势给逃走了。又过了几年，俞亮和村里的其他居民，一起将溪里的鱼捞出来，大家一同食用。在品尝的过程中，俞亮发现，这溪里的鱼和山下的鱼味道不一样，不但特别的鲜美，而且有“老寒腿”的人吃过以后，病症居然都好转了许多。

考虑到溪中捞鱼的不便，俞亮便沿河建塘，又把去山下买来的小鱼投放到水塘中，平时也割点草放到塘里给鱼食用，几年以后，塘里的鱼长大了，无论什么时候，都可以捉一条出来食用。村里的其他人，看到俞亮养鱼的效果不错，便也纷纷效仿起来。就这样，日复一日，年复一年，一传十，十传百，婺源其他村坊也相继效仿，婺源的冷水塘鱼，慢慢地便越叫越响，成为徽菜系列中的一绝。明朝宣德年以后，这种经婺源奇异山水养育的冷水塘鱼，竟然身价百倍，成了大内皇宫餐桌上的珍馐，成了婺源年年不可免除的朝廷贡品。

3. 骟鸡

说起骟鸡，如今的人大都很生疏，特别是自小生长在大城市里的人。城市人吃鸡，不外乎三种现象：一种是有时间也有金钱的人，他们从容地在菜市场转悠，甄选，直选到自己满意的鸡为止，然后回家细火慢炖煲汤喝。另一种是有钱没时间的人，他们一般是直接到宾馆酒店里去，点些什么辣子鸡、口水鸡、叫花鸡、红烧鸡、白斩鸡等之类的食品来应急。第三种人是没钱没时间又想解馋的人，他们一般都是通过熟食店、连锁店、大排档等，买一只烧鸡，就一杯饮料，一边赶路一边解馋。这三种人的吃鸡方式，表面看虽然不同，但实质上还是一样的：他们都是在被他人设计好的食物环境中被动地消费。

婺源人的吃鸡方式则不是这样。撇开宾馆酒店养鸡场不谈，在婺源，讲究饮食科学、注重养生保健的人吃鸡，一般在吃鸡之前，就将骟过的鸡，关进一个用竹篾编成的笼子里，然后在笼壁上放几个小孔，以方便鸡头伸出来吃食。一般来说，养几只鸡，就放几个孔，多放了会增加笼子里的亮度，不利于鸡的休息；少放了鸡又没有吃食的地方，鸡会

骟鸡

野雉鸡

因为争食而打架，消耗了体力。用鸡笼圈养起来的骟鸡，一般都要放在黑暗中，主人每天按时给鸡喂食喝水。等长到1斤多重的时候，再宰杀煺毛洗净，并将整只鸡切成小块，全部放在一个瓷盆中，撒上精盐，

炖土鸡

放点姜片，然后用盖子盖住瓷盆，以防止水蒸气落入盆中，影响鸡汤的香气和质量。先用大火猛蒸20分钟，然后再用小火慢炖20分钟。这样清炖出来的鸡，颜色金黄，汤清肉嫩，骨酥味爽，营养丰富。清蒸骟鸡做好了，鸡是炖好了，如何将这次炖好的骟鸡吃下肚还很有讲究。按照婺源的传统，一只鸡，连汤带肉，只能给一个人吃，其他人是不能参与分食的。因为按照老祖宗的说法，“不知道究竟哪块鸡肉对人最补”。因此，有的人家吃鸡，一般还会按照人头来点，几个人就杀几只骟鸡。

那么，什么是骟鸡呢？骟鸡，其实就是被人取出睾丸，失去生殖功能的小公鸡。这种骟过的鸡很奇特，长成后，母鸡头，公鸡身子。既不下蛋也不打鸣，阉割的目的，主要是让被阉割的鸡不再在母鸡群中“打雄”交欢，多吃多长肉，以备过年过节或不时之需。为什么要将公鸡给骟了呢？是因为没阉割过的公鸡，会经常和母鸡“寻欢作乐”，时间一长，不但身上的那点雄气不保，也因此会瘦得皮包骨头。因为它吃东西产生的能量还不够它在母鸡身上消耗的。所以，成年的公鸡，多不贪食而贪“色”，体重上长期变化不大。因此，在很多人家，为了过年过节多攒点鸡肉吃，除了留个别公鸡做种不骟外，其余的都会被骟了以后才喂养。

在婺源，大家有个约定俗成的定例，那就是骟鸡一般是不会轻易用来招待客人的。饲养骟鸡的目的，主要是用来给一家之中最要紧的亲人滋补身体的。众所周知，1949年以前，婺源一直属于安徽或徽州管辖，是古徽州“一府六县”的重要组成部分。地处崇山峻岭之中的婺源，

自古就有“八山半水一分田，半分道路和庄园”这样的地理概况。由于山多田少，土地贫瘠，这里出产的谷物，养活不了太多的人，因此，“前世不修，生在徽州，十五六岁，往外一丢”，也就成了婺源大多数男儿的命运。婺源男儿，和大多数徽州人一样，每到十五六岁的时候，就要跟随父亲或母亲那边的长辈、亲戚、朋友，或外出经商，或拜师学艺，或在徽州人开设的店铺中做小伙计，一年甚至几年才能回家一次。小小年纪就开始体验命运的坎坷和饱受人世间的青白眼，回到家中，还有哪家的父母亲不心痛？看着儿子消瘦的脸庞和单薄的身体，做母亲的马上就想到了那几只靠节衣缩食圈养起来的骟鸡。于是，宰鸡煺毛，开膛破肚，沥干切块，入锅清蒸。在一阵锅碗瓢盆与砧板菜刀的亲密交往之后，在一缕扑鼻而来的清香在屋子里四处弥漫之时，母亲就会静静地坐在儿子的对面，看着儿子的狼吞虎咽。一边笑，一边却禁不住流下酸楚的眼泪。

骟鸡，也是一项极其古老的手艺，一般都由专职的“骟鸡匠”实施。在我还尚年少的时候，我见到的“骟鸡匠”已经变成了兽医站的工作人员了。一把小刀，一根麻绳，就是他们骟鸡的全部工具。他们的手脚很麻利，前后不足5分钟，随着被骟的鸡一声惨叫，一只鸡就已经骟好了。看得我傻傻发呆，弄不清是怎么回事。

在婺源，有“拳鸡掌鳖，大补不泄”的说法。意思就是说骟鸡不需要养得太大，太大了反而不好。只有那些煺了毛以后形状如拳头大小、重量在一斤到一斤半的骟鸡，和如同人手掌般大小的河中小鳖，人吃过以后才会活血通络，消除疲劳，维护五脏六腑，最终达到固元养精的作用。

可惜的是，随着物质生活水平的不断提高与人类急功近利思想的不断加剧，这种不与母鸡交配、不见阳光、不四处走动觅食的人间滋养珍品，已经越来越少了。即使是过去十分盛行骟鸡的中国最美乡村——婺源，也只有那些地域偏僻、交通不便、不属旅游景区的偏僻山村，才有机会偶尔看到、吃到。如今到处充斥市场、宾馆、酒店的，全都是那些靠吃饲料、吃激素长大的又肥又大的“洋鸡”。这样的禽类，从营养角度上来看，怎么可以和我们古徽州人家过去十分崇尚的“骟鸡”相提并论呢？

4. 婺源粉蒸菜(1)

婺源菜肴,归属于中国八大菜系中的“徽菜”,带有浓郁的地方特色。菜肴原料多为就地取材,烹制方法一般有蒸、糊、煮、炖、㷛,而少炒、烧、炸、煎,讲究保持菜肴的原汁原味。虽然几经时代的变迁,但当地传统菜品始终把握“原汁原味,以食养身”这一内在灵魂。同时,婺源是朱子故里,自古有“书乡”美誉。这里的人们不但素来崇文重礼,而且也十分注重食补和养身的饮食内涵。因此,在几乎所有婺源菜肴的烹饪制作过程中,都相当注重“医食同源,药食并重”的中医养生原理。随着时间的推移,这种将中医养生原理与日常饮食习惯结合起来的婺源菜,最终形成特点鲜明、风格迥异、魅力独具的婺源美食系列。

婺源,有“无荤不可蒸,无素不能糊(音护)”的俚语。意思就是说,无论是普通的鸡、鸭、鱼、肉,还是难得一见的海味山珍,婺源人都可以变着法子用米粉蒸起来吃;无论是豆腐、南瓜、马兰、西葫芦,还是萝卜、青菜、苋菜、冬瓜,婺源人也可以用米粉勾芡糊起来做菜。而且,不管采取“蒸”还是“糊”的方式,只要经过婺源厨娘们的那双双巧手,就可以做出既保持菜的本味又不会破坏菜的营养,而且还可以勾起人们食欲、让人欲罢不能的可口菜肴来。

婺源粉蒸肉,就是在这种地理和人文氛围中应运而生的地方特色菜肴。这种看上去皮厚肉实、油光发亮的五花肉,吃起来却是油而不腻,满嘴生香,而且特别有滋有味。做这种婺源粉蒸肉需要准备的原料大致有如下这些:猪肉500克(连皮带肉和骨头的最佳,最好是那种不吃饲料的,农户家里养的猪肉)、大米粉40克(能否做出正宗的婺源粉蒸肉,关键在粉。这种蒸菜的米粉,不是超市买的那种蒸粉蒸肉的粉,而是婺源人自己将大米加工出来的粗米粉。这种米粉,过去是石磨磨

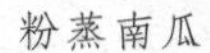
粉蒸南瓜

粉蒸茄子包

腊肉蒸山蕨

粉蒸鳖

的，如今可以用一种叫“机粉机”的机器加工）、盐2克、酱油少许、姜10克、葱10克，如果吃辣的还可以加入少许碎花椒。具体做法是：将猪肉刮洗干净，沥干生水，然后切成长约10厘米、宽4厘米、厚0.4厘米的片。不要剥皮，骨头最好连肉一起切成小块，装入盆内后，先加盐、酱油、姜末，搅拌均匀。等蒸锅内的水烧开或者快烧开的时候，将肉一块接着一块地再蘸上米粉，均匀地排列到碗或盘子里（排列时注意不要放得太紧太密，块与块之间要注意留下空隙），放入蒸笼内，然后上笼用旺火蒸上30—40分钟即可（具体视碗里的肉多少，多则所需时间更长，少则所需时间较短。如果是初次做这道菜，对是否蒸熟拿捏不准，也可以用筷子轻轻地捅碗里的肉，一捅即穿说明肉已经全熟。要用点力才能捅穿，那就还须蒸上几到十几分钟）。端出蒸笼，撒上葱花，既可下酒，也可下饭，芳香四溢，味道鲜美，令人胃口大开。

除了粉蒸肉，还有粉蒸鱼、粉蒸鳖、粉蒸猪脚、粉蒸大肠、粉蒸牛蛙、粉蒸鹅、粉蒸鸭、粉蒸鸡、粉蒸狗肉、粉蒸四件（四件指鸡鸭鹅的肠、肝、胗和心)等,都是婺源粉蒸菜中的上品。这些粉蒸菜的具体烹制方法和粉蒸肉差不多,不同的地方无非是原料加工和火候上的一点变化罢了。

说起婺源的粉蒸菜,就不得不说一说婺源所处的地理位置和历史人文。婺源,商、周属扬州之域,春秋为"吴楚分源"之地。自唐开元二十四年设置县衙,一直到清朝末年,先后以"歙州婺源"、"徽州婺源"的名号行事,其中,以"徽州婺源"历史最为悠久,从北宋徽宗至清末宣统,长达800多年,历来有"无婺不成徽"的说法。

婺源境内山多田少,在全县2947平方公里的土地上,能叫得出名字的、海拔在500米以上的大小山头就有350多座。婺源的许多水田,都是开垦在高高低低的山梁上,这些梯田,不但产量低,而且靠天吃饭,倘若天公不作美,就会歉收甚至颗粒无收。俗话说,"瓜果半年粮",长期以来,在相对恶劣的生存环境下,在粮食作物相对不足的现实生活中,婺源人养成了用瓜果蔬菜取代粮食以求填饱肚子的习惯。为了节约粮食,也为了增强瓜果蔬菜抵抗饥饿的力度,据说,古时候的婺源人,曾经尝试过多种做饭方法,以期达到节约粮食、填饱肚子的目的。功夫不负有心人,在经过很多次锲而不舍的试验后,古时候的婺源人在用米粉掺入瓜果蔬菜的实验上,获得了成功。先有粉蒸各类瓜果与蔬菜,然后才有更为精致的粉蒸鸡、粉蒸鸭、粉蒸鱼与粉蒸肉等。

粉蒸各类时蔬与猪肉，不但是婺源人日常生活中的主要饮食内容,也是婺源自古至今各种祭祀活动中不可缺失的重要祭品。另外,婺源粉蒸菜,具有"原汁原味"的特点,在烹制过程中,所蒸菜肴中原有的各种营养成分,不但不会受到破坏,而且通过"蒸"这一特殊的烹饪环节,还会得到进一步的升华,更不会流失。因此,在古徽州过去很多医术著作中,经常有"婺源蒸菜,具有很好保健养生效果"的文字记载。不过,"无荤不可蒸,无素不能糊"的俚语,其实只说对了婺源菜系的一半,在婺源,所有的素菜,不但可以糊,而且还可以蒸。婺源的粉蒸时蔬,在整个古徽州地区非常有名,非常值得人们去品识。

5. 婺源粉蒸菜(2)

春播夏种，秋收冬藏，在如诗如画婺源的四季流转中，人们总能尝到应时当令、绿色生态、满口喷香的山珍野味和新鲜蔬菜。

阳春三月，燕舞莺啼。婺源那饱受寒风冰雪洗礼后的山川大地，又披上了风情无限的莹莹绿装。在流青滴翠的山坡上，在清澈见底的溪水边，在人们欢迎春姑娘到来的欣欣气氛里，山蕨悄悄地举起了可爱的小拳头，竹笋也勇敢地掀翻了压了它整整一个冬天的石块；嫩绿的水芹在镜子般的泠泠清水中含情脉脉，娇小的马兰也羞羞答答地在温暖的阳光中绽放着新芽。还有山中那散发着郁郁浓香的香椿、茶菩藤、臭株茶等原生态植物，也一丛丛、一簇簇地争奇斗艳在田磅上、涧水边、山径下、树丛里。这些纯天然的鲜美绿色食品，都是婺源人得天独厚的天赐口福。采一把鲜嫩的野菜，拿在手上，注目凝眸，眼中也就有了浓浓的诗意，心中也有了悠悠的遐想。如果将这些饱受滋润的人间

田园风光

天物，用婺源的传统烹饪方法粉蒸起来，那对于无论是外地人还是本地人来说，都是一种惬意的甚至有点令人忘乎所以的飘飘然的享受。也许，在觥筹交错之间，在尽情品味之下，一阕类似“雪沫乳花浮午盏，蓼茸蒿笋试春盘。人间有味是清欢”（《浣溪沙·苏轼》）的词句，就从你的心里走到了人们的眼前。

夏日炎炎，清波荡漾。婺源的夏天，并没有《水浒传》中“赤日炎炎似火烧，野田禾稻半枯焦”的恐怖。由于婺源有82.5%的森林覆盖率，加上婺源的农村，一般都是沿溪而建，夹水而居。村庄周围也都植有郁郁葱葱、高大伟岸的香樟、红枫、黄檀、银杏，以及绿影婆娑的修竹等热带植物，因此婺源夏天的特点是白天热早晚凉。只俟太阳一下山，气温马上就会下降。有些地方晚上睡觉，不盖毛巾毯还会感冒着凉。而这个时候，地里的各种时鲜蔬菜，也是一年之中最为丰盛的时候。沿着弯弯的青石板路，漫步在清新浪漫的田头屋后，那一排排、一畦畦长势良好的辣椒、落苏（茄子）、天罗（丝瓜）、羊角（豇豆）、梅里结（四季豆）、莴苣、苦瓜、茭笋（茭白）、苦马、苋菜……哪一个不是婺源粉蒸菜中的上选材料呢？蒸上一盘刚刚采摘回来还滴着露珠的时蔬，喝上一碗散发着诱人米香的小稀饭，在一吮一咽当中，烦躁闷热的夏季，好像也就随着碗上袅袅而升的热气烟消云散了。才把饭碗放下，收获喜悦和享受丰收的季节就已经走到了你的面前。

传统蒸饭

无论是秋天还是冬天，婺源的景色都是宜

粉蒸鱼块

粉蒸山蕨

人、恬静、明快和温馨的。这个时候的庄稼地里，同样也毫不逊色地长满了充满生机和希望的蔬菜。冬瓜、南瓜、红薯、芋头、萝卜、青菜……季节变了，地上的蔬菜品种也变了，而婺源人对粉蒸蔬菜的那份真挚感情，却始终没有变。无论人在城里乡下，还是身处异国他乡，只要能淘到正宗的婺源米粉，餐桌上就一定有让人牵肠挂肚的粉蒸时蔬。这时候的婺源粉蒸菜，早已由简单的嗜好，变成了一种思恋，一种情怀……

承受着太多牵挂的婺源粉蒸菜，是一种男女老幼皆宜、贫富人家都能烹制的大众菜肴。在选料和烹制方法上，也没有什么苛刻的要求。烹制婺源粉蒸菜，不可缺少的主要工具是饭甑，不可含糊的主要原材料是米粉。选用正宗的米粉，是做好粉蒸菜的重要基础；用饭甑蒸菜，能保持传统菜肴的本色——颜色鲜艳，气高味足，清新爽口。一般来说，婺源粉蒸菜的基本烹制步骤是这样的：将蔬菜洗净，沥干水，然后将茎类蔬菜切成2寸长的段；将叶类蔬菜切细；将瓜果类蔬菜去皮，切成2寸长1寸宽的薄片备用。等锅里饭甑上的饭蒸熟了以后，再将已经处理好的蔬菜倒入盆中，撒上适量的米粉、盐、姜丝、咸猪油，吃辣的还可以放点碎花椒，搅拌均匀后，铺到饭甑里的米饭上，继续加热。大约20分钟以后，揭开锅盖，用筷子再将饭上的蔬菜轻轻搅动一次，还要穿上几个散气孔（这些气孔很重要，一定要让筷子一直穿到饭甑的木格栏板上才行）。重新盖上锅盖，复蒸10分钟左右。起锅，装盘，浇上刚刚熬热的菜油，即可食用。在徽州婺源人的眼里，蒸菜，向来是不屑使用味精的。

随着高层楼房的兴起，随着烟熏火燎烹饪时代的终结，传统的粉蒸菜，似乎也给当代婺源人出了一道难题：在现代化的烹饪工具面前，我们怎样才能更好地做好粉蒸菜这道传统菜肴呢？

结果是不言而喻的，作为朱子故里的婺源人，在一千多年的历史中，平均每年能有三人出仕问政，每两年能出一名进士，怎么会被这餐桌上的小问题给考问难倒呢？于是，在明亮狭小的现代厨房里，一个个婺源巧妇，选用电饭煲或蒸锅作为做粉蒸菜的主要工具。她们先在座屉上铺上一层薄薄的纱布，等电饭煲或蒸锅里的水烧开之后，再将已经搅拌好的蔬菜倒入座屉。然后又将在大锅里蒸菜的那套程序在电饭煲或蒸锅里如法炮制一番。熟了之后，拉起纱布的四个角，轻轻一提，倒入盘中，一盘正宗的婺源粉蒸菜，依旧做得芳香四溢，依旧做得色、香、味俱全。

当然，要做好一盘食客拍手称绝的粉蒸菜，除了步骤不乱、材料上乘之外，更为主要的还是烹饪者的经验和水平。在婺源，比较出名的，主要有江湾的粉蒸南瓜花包，沱川的粉蒸豆腐，中云的粉蒸黄花、粉蒸瘪菜，许村的粉蒸南瓜，赋春的粉蒸豆芽，段莘的粉蒸山蕨，紫阳的粉蒸落苏鱼等。这些营养丰富、口感上乘的精品粉蒸菜是如何烹制的呢？下面，就让各位读者的眼睛跟随着我写下的这一行行汉字，去美丽而含蓄的婺源探个究竟吧！

6. 婺源粉蒸菜(3)

江湾镇，地处婺源东部群山环抱的河谷地带，这里不仅独风景秀丽，景色宜人，还是婺源“红(荷包红鲤鱼)、绿(婺源绿茶)、黑(龙尾砚)、白(江湾雪梨)”传统四色特产之一“江湾雪梨”的故乡。

江湾雪梨，梨皮莹白，松脆香甜，汁多味美，入口消融，是梨中之珍贵品种。在江湾，能与“江湾雪梨”相提并论且一决雌雄的，也就非“粉蒸南瓜花包”莫属了。江湾南瓜花包的烹制历史，据说可以上溯到明朝甚至更早。2011年8月，江湾的粉蒸南瓜花包还被中央电视台《走遍中国》栏目摄制组搬上荧屏，扬名海内外。

粉蒸南瓜花包，工艺和程序相对比其他粉蒸菜要复杂得多。首先对原材料的准备要求就比较高。根据村里老人介绍，要想蒸好一盘上好的南瓜花包，首先，要一大早就去菜园里采摘挂着露珠的南瓜花，还有辣椒、紫苏、小葱等辅料。其次，要将肉剔骨并剁成泥。再次，将姜丝、小葱、辣椒、紫苏和羊角切成米粒状。又次，等锅里的水烧开后，将上述材料拌上米粉、精盐，做成团。然后，迅速将菜团装进南瓜花内，裹好，装盘。最后，将已经装盘的南瓜花包，放入蒸笼，隔水蒸上20分钟左右，等花包里的肉馅完全熟透后才可食用。

蒸熟后的南瓜花包，黄澄澄，香喷喷，不但入口酥嫩，油而不腻，据说营养还十分丰富。据婺源非物质文化遗产新安医学传承人程剑峰中医师介绍，粉蒸南瓜花包，孕妇食用后，不仅能促进胎儿的脑细胞发育，增强其活力，还可防治妊娠水肿、高血压等孕期并发症，促进血凝及预防产后出血。另外，南瓜花包还具有解毒、保护胃黏膜、帮助消化、防治糖尿病、降低血糖、消除致癌物质和促进生长发育等作用。

除了粉蒸南瓜花包，沱川的“粉蒸豆腐”也是婺源的一大绝品。以

“嫩滑清淡、入口即融”著称的沱川粉蒸豆腐，和素有“理学渊源”声誉的沱川理坑一样迷人和令人向往。沱川，因为境内驼峰尖东南麓的三溪口，常年清溪川流不息，淙淙有声而得名。它在地理位置上是婺源的北端门户，在婺源的风物上还是“红、绿、黑、白”四色特产中“红”的发源地，婺源著名的特产之一“荷包红鲤鱼”就出自这里。

准备下锅的豆腐

粉蒸豆腐(半成品)

熟了的粉蒸豆腐

粉蒸豆腐的具体做法是：先把豆腐切成3厘米左右的方块，然后在豆腐上撒上酱油、精盐、味精、十三香或香苏粉。等腌渍5分钟后，再把每块豆腐均匀地蘸上米粉，摆入盘中。最后放进蒸笼，隔水大火蒸上，所需时间在10分钟左右。如果是第一次做这道菜，一时不好把握火候，可以在入锅10分钟后揭开锅盖，察看豆腐身上的米粉。如果米粉变色，那就说明已经熟了，这个时候，粉蒸豆腐也就可以起锅了，起锅后的豆腐，浇上刚刚熬好的热油，撒上葱花，便是一道下酒佐饭的佳肴。

上网“摆渡”，我们得知，豆腐，是一种高蛋白、低脂肪的食品。具有降血压、降血脂、降胆固醇的功效。在婺源，豆腐一直以来都被当作一种老幼皆宜而且益寿延年的美食。“吃鱼吃肉黄菜花，青菜豆腐红嘟嘟”这句民谚，说的就是这个道理。据传，婺源先贤、我国南宋时期著名的思想家、教育家朱子，曾经写下这样一篇脍炙人口的《素食诗》：“种豆豆苗稀，力竭心已腐。早知淮南术，安坐获泉布。”沱川，自古以来，便有“读朱子之书，服朱子之教，秉朱子之礼”的行为习惯。因此，也有许多人在问：在好读成风的沱川乡，粉蒸豆腐和圣人朱子之间，难道就没有一点内在的联系？

中云，这个由始祖王云在唐广明元年肇基建村的钟灵毓秀之地，至今已有1133年的历史了。这里的文化堆积相当丰富，至今还保留有明代哲学家湛若水讲学之“福山书院”和善山的“商周遗址”。1982年，在这里曾发掘出土了陶纺轮、石簇、石网坠、骨针以及西周兽面纹青铜鼎等文物。中云，也是自古至今历代主政婺源官员所倚重的“粮仓”。不到全县三十分之一的土地，却要养活全县十分之一的人口。肥沃的土

古树

传统蒸锅

地上，不但生长着事关乡民饱饥的稻谷，还有让王姓子孙敬重有加、过往行人口涎欲滴的“瘪菜”。

“瘪菜”，是一种俗称，不要说外地人，就是土生土长的婺源其他乡镇的人，也不知道“瘪菜”的真正含义。憨厚质朴的中云人，对“瘪菜”的制作相当讲究。一般选在立冬之后，在萝卜刚刚长出如大拇指般大小的萝卜头时，就有意识地拔出一些，然后用稻草搓绳，将这些萝卜连根带菜地有序地搓进绳中。再将整串萝卜菜高高地悬挂在房梁上、窗户边，不让雨淋，但要受风吹日晒。等到农历大年廿四的那天，再将这串已经变色变瘪的萝卜菜拆下来，洗净，沥干，剁成菜泥。然后拌上米粉、精盐、姜丝、干紫苏、咸猪油，放入蒸饭的饭甑，大火蒸熟。

“瘪菜”蒸熟后，先不忙装盘，要等男主人连菜带饭甑一起端到堂前(厅堂)献完宗长后，才可以装盘、浇油，然后食用。这类先用来祭祀祖宗、然后供子孙食用的供品，据说吃过以后，是会无病无灾，运气亨通的。时间虽然已经到了21世纪，无论是穿着打扮还是饮食习惯，较以前都有很大改变的中云人，至今仍把这种既可祭祀又可食用的“瘪菜”，深深珍藏在豪爽热情人的心中，至今仍有它不可替代的神秘而崇高的地位。

……

前文说过,为了解决粮食短缺,为了有效避免因长期食用野菜、蔬菜而造成的吃后呕吐、烧心、腹痛等症状,聪明的婺源古人,发明了这种用大量植物掺以适量粮食作物的烹饪方法。在我小的时候,由于家里劳动力少,家庭困难,粮食不够吃,就曾经吃过红薯饭、南瓜饭等蔬菜饭。将大量的红薯、南瓜等,分别切成丝,掺入米饭,然后在大锅里面蒸上满满的一大饭甑,往往是早上一顿稀饭加蒸菜,晚上一顿蒸菜加稀饭,只有在中午的时候,才能吃上大米饭。在那个令人难忘的艰难岁月里,婺源粉蒸菜是立了大功的。如果没有这种用大量蔬菜拌米粉聊以充饥的蒸菜饭,当年一定会饿死更多的人。

长大以后,由于求学和谋生的需要,我有好一段时间都无缘接触到令人可敬可亲的"婺源蒸菜"。身处外地,偶尔回忆起家乡那青翠欲滴清香爽口的粉蒸菜,总不由自主地让我产生一种吞口水的冲动。幸好时间不长,我重新回到生我养我的故乡生活,重新得以和伴我成长的粉蒸菜卿卿我我,耳鬓厮磨。如今,步入中年的我,和众多土生土长的婺源人一样,日常生活中,竟然离不开粉蒸菜的左右相伴,三五天没能吃上一顿清香四溢、流青滴翠的粉蒸时蔬,心中就有一阵局促和不安,就会莫名地产生一种怅然若失的感觉。也许真是手足连心,我那远在北京、福州的两个哥哥,以及在外地出生、长大的侄儿,每次回乡,不狼吞虎咽地吃上一顿心仪的粉蒸菜,就似乎没有找到回家的感觉。时至今日,婺源的粉蒸时蔬,不再是赖以充饥的"救命饭",也不是解馋安胃的"盘中珍",它已经升华为婺源游子的一份记忆,外界了解婺源的一座不可替代的桥梁。

7. 婺源糊菜(1)

2001年，随着前中共中央总书记、国家主席兼中央军委主席江泽民视察婺源，婺源的旅游业也开始蓬勃兴起，原本深藏在万山之中的美丽婺源，渐渐被众多挑剔的看客所接受。原本封闭、落后的偏僻山区，在景婺黄、景婺常两条高速公路的直接拉动和毗邻地区黄山、景德镇、衢州机场的陆续开通下，一跃成为赣浙皖三省边界的通衢之地。一年四季，来婺源旅游的各地游客络绎不绝。他(她)们一边如醉如痴地流连在婺源的至佳山水中，一边随心所欲地尽情享受婺源的传统美食。作为婺源传统菜肴系列之一的婺源糊菜，以它独特的魅力与稀奇，毫不意外地成为所有来婺源怡情养性的游客们上桌必点的菜肴。

婺源糊菜的"糊"字，按照婺源地方口音，是念去声(hù)的。"糊"与"户口"的"户"谐音，做动词用。婺源糊菜按照选用的品种不同，可分为"荤糊"和"素糊"两大类。其中，荤糊品种较少，自古至今屈指可数的好像仅有"糊猪肺"和"糊大肠"两个品种。而同属于"糊菜"大家庭的素糊则品种相对较多：有糊豆腐、糊豆芽、糊苋菜、糊南瓜、糊冬瓜、糊葫瓜、糊黄瓜、糊萝卜、糊莴苣叶、糊菜头、糊菊花菜等，几乎囊括了所有的蔬

苋菜

马齿苋

菜，达到了“无蔬不能糊”的地步。

作为和古徽州有着千丝万缕关系的婺源，虽然被人为地划到江西省已经63年，含蓄、内敛、崇儒、重贾和忍辱负重的徽州品质，在婺源人的心里始终根深蒂固，并还不断地壮大和传承。婺源隶属徽州800多年，同属中国八大菜系——徽菜系的发源地之一。在婺源，徽菜是饮食文化中与赣鄱文化的重要区别之一。和注重“烧、焖、炖、炒”的赣菜相比，徽菜更讲究在“用油、颜色和火功”上下功夫。婺源的糊菜，当然也不例外。每一道糊菜不但注重“色、香、味、形”，还注重“(口)感、(滋)养、(招)牌、(烹)器”四个字的精烹细选。所以，每一盘婺源糊菜，都会香气十足、味道鲜美，而且颜色也非常艳丽明快。

糊豆腐，是婺源最古老的糊菜之一，也是所有来婺源观光旅游的游客们品尝得最多的一道菜肴。这道菜，虽然选料简单，操作容易，省力也省时，但对烹饪工艺熟练程度的掌握却是非常讲究的，一般初出茅庐的厨师，是做不出如翡翠珍珠般漂亮的“糊豆腐”来的。

糊豆腐的烹制方法，虽然根据个人的爱好，在原料的添加上或有所不同，但在具体的方式方法上，却是大同小异的：先准备豆腐、肉蓉、笋干、菊花菜、虾皮、香菇适量，米粉、酱油、味精、姜末、蒜泥等作料若干。然后将豆腐切成极细小的丁，将笋干、香菇、菊花菜切碎备用。先将豆腐丁下锅煮透后放盐，再将肉蓉和米粉倒入锅中并调成稀糊状；然后将已经切得极碎的笋干、香菇、虾皮和菊花菜下锅。五六分钟后，将姜末、蒜泥、味精和香油等作料放入，用锅铲不断搅动，直至调匀，然后出锅。装盘后再在豆腐上面洒一点麻油，同时撒上葱花、胡椒粉。这样，一盘香鲜可口的糊豆腐就已做好，让“久闻其名，不知其性”的食客们

糊豆腐

一饱口福了。

糊豆芽

在婺源,“五里不同腔,十里不同俗”的现象非常普遍。有时即使是同一个村庄,里村和外村的风俗习惯也会不一样。风俗如此,饮食也一样,在婺源,烹制“糊豆腐”所选用的材料,除了上面描述的以外,也有许多不要肉蓉、虾皮、笋干、菊花菜,而改用油渣、豆芽、冬笋、干豆角等作为辅助原料的。

作为同时并存动物性蛋白质和植物性蛋白质的豆腐,有其他食品无法替代的“细、白、鲜、嫩”不二特点,因此,自汉代淮南王刘安发明于安徽八公山以来,一直备受文人和食客的青睐和追捧。即使是在当今物质品种极为丰富的现代社会,豆腐,至今仍是广大食客们的首选,甚至还成了减肥瘦身者们的第一选择。据说,历史上唐宋八大家之一的北宋大文豪苏东坡,极喜食豆腐。他在被贬湖北黄州时,还经常亲自下厨做豆腐,并精心烹制,用味醇色美的豆腐菜来招待亲朋好友。他还曾经写过一首有关豆腐的《蜜酒歌》:“脯青苔,炙青莆,烂蒸鹅鸭乃匏壶,煮豆作乳脂为酥,高烧油烛斟蜜酒。”诗中的“酥”,便是豆腐。

无独有偶,号称明朝景泰十才子之一的苏平,也曾为人见人爱的豆腐写下一首脍炙人口的七言律诗:“传得淮南术最佳,皮肤退尽见精华。旋转磨上流琼液,煮月铛中滚雪花。瓦罐浸来蟾有影,金刀剖破玉无瑕。个中滋味谁知得,多在僧家与道家。”(《明·苏平·豆腐》)他在诗中,把磨豆、煮浆、凝聚、压制成品等一套豆腐制作工艺,都做了栩栩如生的描写,同时还指出真正认识和了解其中滋味的,大多是吃斋修行的道士和僧人。清代胡济苍的“信知磨砺出精神,宵旰勤劳泄我真。最是清廉方正客,一生知己属贫人”诗,不仅写了豆腐的软、嫩、味、美,而且还写出了豆腐的伟大精神:由磨砺而出,且方正清廉,不流于世俗。

尤其是结尾两句,更表达了诗人对清正廉洁的赞美,对安贫乐道儒学思想的推崇。

文人、出家人爱豆腐,身居大山深处的婺源种田人、商人和读书人,也非常钟情豆腐。婺源,由于地接黄山余脉,域内多高山。婺源名贤文公朱子在《东溪胜侯列传》序中,就曾留下了这样的字句:"婺源为县穷僻,斗入崇山峻岭间……"地处长江以南,且山多田少,婺源种不出太多的水稻、小麦、玉米与高粱,却可以种出许许多多的黄豆来。因此,种黄豆,磨豆浆,做豆腐,吃豆腐,也是婺源人生活中的一个重要内容。婺源历史上走出那么多文人仕宦,名商巨贾,大部分也是靠吃豆腐而成长起来的。因此,在婺源,不但有与外地大同小异的水煮豆腐、红烧豆腐、油煎豆腐等,更有广受世人喜好的"糊豆腐"。

在婺源乡俗里, 糊豆腐是具有神秘色彩和崇高地位的一种饮食。无论哪一家举办红白喜事,首先端上宴席的第一道美味,就是糊豆腐。而在婺源的中云、赋春、许村、镇头、甲路、清华、思口一带,大年三十的那天中午,家家户户都要吃上一顿糊豆腐。以示当年的剩菜残羹已经一扫而光,消灭殆尽。以方便在大年三十晚上能烧出更多更好的菜肴,最终达到"三十夜,吃不绝,初一朝,吃不消"的吃的最高境界。

8. 婺源糊菜(2)

婺源人,在大年三十那天中午吃“糊豆腐”的饮食习惯,追根溯源,却是一个勤俭节约的具体表现。据说,这种习俗,肇始于婺源县镇头镇游山村,广泛流传于经济繁华的北宋时期。而婺源的文明史,据说也是从那个时候开始“蝶变”,并逐步开始从野蛮走向文明的。

自从“五胡乱华”和“三家分晋”以后,中原的士大夫们,为了躲避战火,纷纷举族南迁。他们从黄河流域大规模进入长江和珠江流域,进入了徽州,进入到婺源大大小小的山川平地中休养生息。当然,也带来了当时的先进文化。随着时局的稳定,这些已经和当地百越民族和睦共处的士大夫后裔们,又纷纷走出家门,走向中原大地。“学得文武艺,卖与帝王家”,哪一个身怀文韬武略的人,不想做一番惊天动地的大事呢?虽然,在古徽州的婺源,促使这种氛围形成的主要原因,关键还在:一是“一等人忠臣孝子,两件事读书耕田”的儒家思想;二则是因为婺源林深草密,山高水冷,加上当时生产力低下,自产自给能力严重不足。贫瘠的土地,养活不了太多的子民,古时候的婺源人只能选择外出。他们或为官,或经商,或卖艺,或坐馆,少则三五年,多则十几年,长期在外,苦苦打拼。平时只通过驿站或者回乡的亲友,给留守老家的女人、孩子和老人们,不定期地寄一点银两,聊作生活之资。老家的人,如果遇到驿使中断或没有乡友回家,往往也会忍饥挨饿。在古时候的徽州,这种“无米下锅”的现象,曾经在多个男人外出打拼的家庭中上演过无数次。

有一年,已经到大年三十了,游山村有户人家的女主人又犯愁了,丈夫外出,已经三年多了,前段时间捎信来,说目前的生意还不是很顺利,今年又不能回家过年了。为了节省开支,家里能省的已经全都省了,就是吃饭,平日里也是早晚两顿稀的、中午一顿干的,可大年三十晚上还吃早上、中午的剩菜，不但对不住公婆、孩子，村里的老人也说不吉利（据说大年三十晚上吃剩菜，来年会穷见骨的）。可这些剩菜不吃掉，岂不是浪费？生活的艰辛，逼着这个聪明贤惠的主妇苦思冥想，要努力想出一个既不浪费又能吃饱吃好两全其美的办法来。经过一番的认真思考，她决定放手一搏：她将中午没有吃完的青菜、南瓜、笋干和一丁点儿肉片倒进锅里用水煮，然后一边撒米粉一边用锅铲搅拌，一直搅得有些黏稠为止。然后，她小心翼翼地尝了一口，结果让她非常满意：想不到如此荒唐炮制，竟然也可以做出如此鲜美的菜肴！小媳妇心里一阵狂喜。

接下来的结果，即使作者不说相信大家也知道，公婆直夸她贤惠，孩子也嚷嚷着说"好吃"。一传十十传百，"糊菜"，这个新名词，一下子成了全村过年时津津乐道的"热词"。左邻右舍们都觉得"糊菜"发明得非常好，于是纷纷效仿。后来，亲戚传亲戚，朋友传朋友，没过几年，"糊菜"这门厨艺，竟然普及了整个婺源。再后来，中云村内一个教书的秀才，大胆采用新鲜的蔬菜，对"糊菜"进行全面的技术革新，使"糊菜"从上不了桌面的"乞儿饭"，一下子变成了可以登堂入室的时鲜美味，变成了一道"无宴可以缺少"的婺源名菜，乃至徽州名菜。

随着时间的推移，当年发明"糊菜"的主妇也年老力衰而亡了。为

加工南瓜

了纪念这位在困难时期发明“糊菜”的农妇，西南乡的婺源人不约而同地在大年三十的那天中午，家家户户都“糊豆腐”，并从遥远的古代一直延续到今天。

除了“糊豆腐”深受婺源人喜欢外，“糊萝卜”、“糊南瓜”、“糊西葫芦”、“糊菊花菜”也是婺源人家经常烹制的菜肴。萝卜性凉，味甘、辛，富含碳水化合物、有机酸、矿物质、维生素和芥子油等营养成分。有清热生津、凉血止血的功用。经常食用，对人体大有裨益。在婺源农村，一直有“吃了生萝卜，三日不感冒”的谚语流传。南瓜，性温，味甘。按照传统中医理论，具有补中益气、消炎止痛、解毒杀虫和降糖止渴的功效。我的医生朋友潘伟民主任告诉我，经常食用南瓜，对那些久病气虚、脾胃虚弱及糖尿病患者有很大的辅助治疗作用。同时，南瓜对化痰排脓、气短倦怠、便溏、蛔虫等病症也有较好的疗效。如能坚持长期食用，对降低血糖含量，简直有“灵丹妙药”般的神奇效果。

无论哪一种蔬菜，只要用“糊”的方式来烹制，其烹制方法是大致相同的。这里以萝卜为主要原料，向读者介绍一下“糊萝卜”的制作方法：先将萝卜（一般都使用白萝卜）洗净，去皮，然后切成2寸长2厘米宽的丝，等油锅烧热后，将萝卜下锅翻炒，炒至半生半熟时，加水、加盐大火煮沸。然后一手撒米粉，一手不停地搅动着锅铲，直至均匀浓稠为止。浓稠后，便可以加盐、姜末、蒜泥、味精等作料，嗜辣的还可以适量放点碎花椒。复搅一两分钟，即可装盘。装盘后先在糊萝卜上浇一汤匙熟油，然后撒上葱花、胡椒粉。这样，一盘新鲜爽口、风味独特的“糊萝卜”便宣告完成，可供食客们享用了。当然，也有讲究的人家，注重花样翻新，在煮萝卜的过程中，加入适量的虾皮，然后加米粉搅拌，以进一步提高“糊萝卜”的营养成分。

糊萝卜如此，糊南瓜、糊冬瓜、糊葫瓜、糊黄瓜、糊菜头也是如此。南瓜、冬瓜、黄瓜、菜头要去皮，冬瓜、南瓜要将肚子里的肉仁洗净。然后按照糊萝卜的烹制方法如法炮制。不过，糊南瓜、糊冬瓜、糊葫瓜、糊黄瓜、糊菜头等讲究的是纯正清新，是从来不和其他蔬菜混在一起加工烹饪的，也从不放肉。至于糊豆芽、糊苋菜、糊萬苣叶、糊菊花菜等，更是一盘晶莹翠绿、满口生香的美味了。

9. 婺源糊菜(3)

婺源人喜欢吃蒸菜、糊菜，在整个长江以南是出了名的。在那个“无徽不成镇，无婺不成徽”的日子里，婺源人走南闯北，从事着木材、盐业、茶叶、典当四大行业的苦心经营，并取得了骄人的业绩。他们人走到哪里，就把家安在哪里，婺源的蒸菜、糊菜也就带到哪里。即使是同在一个徽州内，旧“一府六县”中的休宁、歙县、黟县、祁门和绩溪五县的居民，也不像婺源人这么嗜好蒸菜、糊菜。

在长期的生产生活中，婺源人除发现蔬菜、野菜可以“蒸”、可以“糊”外，聪明、俭朴的婺源人，还发现动物内脏中的“肺”和“肠”也可以运用婺源菜中“糊”的传统烹饪方法加以调制，做成一味味天下无二的精美菜肴。随着时间的推移，糊菜，这个当年婺源巧妇在苦思冥想之后的忐忑之举，给无数喜欢挑肥拣瘦的食客们带来了味蕾上的无穷享受，也给原本足以笑傲江湖的徽州大菜又绘下了一笔斑斓耀眼的炫彩，进一步将婺源美食乃至徽州美食推向“乱花渐欲迷人眼”的超人境界。

早在明清时期，在婺源的大小村坊，就开始流传着“方村牌楼太白塔，江湾祠堂汪口堨”这样的民谣。民谣的内容主要是赞美方村、太白、江湾和汪口这四个村中的牌坊、古塔、祠堂和水堨等建筑，无论在设计、施工还是在选材选址上，都堪称至善至美，巧夺天工。可惜的是，美轮美奂的方村牌楼，灰飞烟灭在民国时期国共两党的你死我活战争之中；纪念李白当年弃舟上岸进入徽州游山访友的太白塔，也随着“将文化大革命进行到底”的口号声而轰然倒下、寿终正寝。如今，只有硕果仅存的“汪口堨”，历经二百多年的惊涛骇浪犹自岿然不动。这座由清代著名经学家、音韵学家、“皖派经学的奠基人”江永大师设计并督造的水利工程，凭借独具匠心的设计和鬼斧神工的构造，一直以来被南来北往的游客及相关水利专家、学者们所敬仰和拍案惊奇！至于那气势巍峨、规模恢宏的“江湾祠堂”，因为是在2002年9月重修的，因此，只能算是“劫后余生”的“复制品”了。

古樟树

话说很久很久以前的某年年底，方村和婺源众多乡村一样，家家户户忙着杀年猪，备年货，准备辞旧迎新过大年。在婺源，杀年猪的时候，不但要留2斤左右上好的猪肉送给杀猪师傅作为酬谢，还要邀上五六个亲戚好友，陪杀猪师傅吃“杀猪饭”的。这种“约定俗成”的习惯，和如今通行的国际惯例一样，谁也不能打破，谁也不愿意打破！否则，不仅会被村里人视为“小气、不明事理、不厚道”，甚至第二年还会请不着杀猪师傅来帮忙“杀年猪”或“捉猪脚”的。

转眼间，马上就要轮到村东头绰号叫“老五”的人家请吃“杀猪饭”了。“老五”虽然家境一般，但为人却豪爽仗义，出手大方，颇受村人尊重。村里头谁家人的牛吃了禾，谁家的鸡被毒杀，谁家的婆媳、邻里关系发生争吵，都会请“老五”去主公道，断是非。因此，别人家的“杀猪饭”寒酸丰盛与否，不足挂齿，但作为在村里有头有脸的人物，“老五”是非常看重“杀猪饭”的档次和质量的。酒是地窖里藏了好几年的好酒，客是知根知底知冷知热的贵客，菜自然要与美酒贵客相匹配才行。这天夜里，“老五”对妻子方王氏说：去年的杀猪饭，大家一致评论村西头“痴老瘪”家的饭菜最不好吃，酒不过三巡，大家就散了，气得“痴老瘪”火起，将他家老婆揍了一顿，年也没有过好。明天，大家就要来我家吃“杀猪饭”了，你动动脑筋，在菜肴的烹制上想想办法，最好弄一两个大家从来没有尝过的新菜，既让大家吃得高兴，也让大家知道我“老五”有一个“出得了厅堂，入得了厨房”的老婆，如何？

“老五”的老婆方王氏，出身知书识礼的书香门第——中云王家。这方王氏，不但相貌姣好，心地善良，而且女红、厨艺也相当不错。听完“老五”的话后，贤惠的方王氏知道，好面子的夫君一定又在亲友的面前说大话了。俗话说：一荣俱荣，一损俱损。夫君脸上无光，做妻子的心情也好不到哪里去！想到这里，方王氏冲着两眼发直的“老五”微微一笑，说：放心吧！明天我一定将压箱底的功夫拿出来，好好展现一番，保证让你和亲戚朋友们喝个痛快！

第二天一早，方王氏在众多的猪下水里找出向来不为人看好的猪肺，放在锅里，让水漫过猪肺。连水带肺煮上十几分钟，以便通过沸水的力量成功为猪肺除污涤垢。半个小时后，方王氏将猪肺从锅里捞出来，先用井水粗粗地将猪肺冲洗一遍。然后屏气凝神，用一把精致的张小泉银剪，将密布猪肺全身的大小气管一一剪开，然后再用井水细细地将猪肺冲洗几遍。最后，已经将洗过两次的猪肺切成细丁，重新注入井水再一次轻揉细捻，直至确认水中没有异物浮出、猪肺已经完全洗干净后，方王氏才将猪肺从水中捞出、沥干。

开桌吃“杀猪饭”的时间到了。方王氏和往常一样，将必不可少的粉蒸肉、煮猪血、炒肉片、炒猪肝、蒸菜心五大件摆上桌后，随手又炒了几样下酒的小菜，然后一个人又重新钻进厨房，认认真真地开始糊猪肺了：她先将猪肺丁倒入锅中，和着热油、碎花椒、生姜、蒜泥、料酒一阵爆炒；五六分钟之后，她将冷水注入锅中，连同锅里的猪肺及作料一起大火煮沸。煮沸后，方王氏又一边撒米粉、撒盐，一边不停地搅拌，直糊得米粉和

糊猪肺

猪肺均匀、黏稠为止。出锅后，方王氏又在糊好的猪肺上浇上一汤匙熟油，并撒上碧绿浓香的大蒜叶，这才信心十足地将这道压轴美味端上堂前的“八仙桌”上去。

糊猪肺上桌后，杀猪师傅问方王氏说，这是糊什么菜啊？怎么过去没有见过？方王氏莞尔一笑，卖着关子说：你们尝尝，试试好不好吃。如果觉得不错的话，我就再为大家糊上一盘！杀猪师傅见方王氏如此卖关子，也就不再追问。只得用汤匙舀了一点，放入口中，细细地品味起来。才品完第一口，只见他又迫不及待地用汤匙盛起第二勺、第三勺……一边吃一边赞不绝口：太好吃了，太好吃了，我杀猪这么多年，还从来没有吃过这么好吃的糊菜呢？其他作陪的亲友们看到杀猪师傅如此狼吞虎咽，也按捺不住心中的好奇，一哄而上。“叮叮当当”一阵汤匙碰瓷盘的声音过后，刚才还满满的一盆糊猪肺，霎时间如风卷残云，被众人吃得个底儿朝天。食客们大呼过瘾，直嚷嚷“还有没有”？“还有没有”……

据《本草纲目》和清·王士雄所著的《随息居饮食谱》介绍，猪肺，味甘，性平。有补虚、止咳、止血之功效，一般人群皆宜食用，尤其适用于肺虚咳嗽、久咳、咯血等特殊人群。现代营养学家也普遍认为，猪肺富含蛋白质、脂肪、钙、磷、铁、维生素(B_1、B_2)、烟酸等营养物质。虽然猪肺的烹调方式，散见于各大菜谱，然皆大同小异，都只是介绍炒、蒸、煮三种烹制猪肺的方法。而用婺源“糊”这种独特方式加工出来的猪肺，不但营养价值不逊于炒、蒸、煮，而且更具有香气足、口感好、色泽鲜、稠如粥、不油腻等特点，不啻是居家待客的一味佳肴。

在文章的最后，我想提示一下那些看了本文之后，早摩拳擦掌想跃跃欲试的外地食客们：糊猪肺口味虽然确实鲜美，但在洗涤、加工的时候也确实特别麻烦，一不小心，就会将猪肺内隐藏的大量细菌，带入腹中。因此，急于想品尝“糊猪肺”的朋友，建议你们暂不要自己亲自动手，且将手头的事儿放置一旁，带上自己心爱的人儿，来中国最美的乡村享受这超凡脱俗的风味美食吧！

10. 婺源奘菜(1)

众所周知,居住于崇山峻岭间的婺源人,历来以种田、伐木、狩猎为主要谋生手段。无论是田间劳动还是山林作业,他们所付出的体力消耗,一般要比从事其他行业的人更多、更大。然而,为了生存,他们又不得不省吃俭用,节衣缩食。大到建房修桥,小到穿衣做饭,他们都要尽量做到恰到好处,以免浪费。由于长期受恶劣环境因素和勤俭持家思想的影响,他们的烹饪方式也与外界大相径庭。他们更多的是喜欢捞饭煮粥,饭甑蒸菜。因为只有这样,才能最大限度地利用有限谷物和蔬菜的营养成分。也因为要炊饭,所以在炊饭的这段时间里,就出现了一个等候的过程。与其让炊饭时产生的蒸汽白白浪费,为什么不能利用这些热能和这段等候的时间,顺手做几个下饭的菜呢?

于是,用"隔水蒸"这种方式烹制出来的"婺源奘菜",也就顺理成章地应运而生了。这种"奘菜"的基本做法是:将要烹制的蔬菜或者鸡、鸭、鱼、肉,拌上米粉、精盐、味精、香油、酱油后,装入敞口的碗(盆)中,然后将这些盛满菜肴的碗或盆放在饭甑边沿,连同饭甑里的米饭一起炊熟。这种用碗(盆)装着隔水奘熟的菜肴,如同清朝才子袁枚在他的《随园食单》里所描述的那样:"一物各献一性,一碗各成一味。"不但原汁不耗,原汁不失,而且快捷合理,省时省力,充分体现了婺源菜(徽菜)的独特风味。

现在,请允许我向广大读者做一个简单的婺源乡土知识普及。何谓"奘菜"? 奘菜,就是介乎"婺源蒸菜"和"婺源糊菜"之间的、既可以用米粉作为主要烹饪材料、也可以不用米粉相辅烹制而成的一种婺源传统菜肴。"奘"字,是一个比较古老的字体,在《集韵》中音为"壮"。按照现代汉语拼音的标准读法为"zhuàng",是"装米入甑、熏蒸"的意思。而"奘菜”的意思，就是将某一种食物装入器皿并放在锅里隔水用蒸汽蒸熟。婺源烎菜这种别具一格的烹饪方式，和婺源厨艺中传统习惯上的“蒸”有点相似，和现代人普遍使用的烹饪手法——“炖”也有一点点相同。

婺源“烎菜”的品种，虽说不敢与“无荤不可蒸、无素不可糊”的婺源其他两大系列菜相提并论，但烎菜所涉及的范围确实也非常广泛。荤腥中的鸡、鸭、鱼、鹅和兔、狗、猪、牛、麂等肉类，蔬菜中的瓜、果、叶、茎、根、花等，都可以经过一番合理搭配后，放入锅中烎起来吃。可以这么说，婺源的烎菜，是勤劳智慧婺源人在烹饪上的一个创新。这个创新，不但改善了婺源人乃至徽州人的传统食谱，让舌尖上的营养更加丰富。更为重要的是，通过这种方式烹饪菜肴，还可以省去许多因加工菜肴品种过多而必须占用的很多烹饪时间，从而让整日忙碌在锅盆碗碟之中的徽州女人，在繁重而琐碎的家务事中多一点休憩，多一份安闲。

即便到了物质生活高度繁荣的今天，无论各种光怪陆离、品种繁复，甚至令人眼花缭乱的食物，如何充斥市场，甚至毫无节制地撞击着

腊肉烎山蕨

辣椒烎猪肉

水笋烎猪肉

粉烎鹅肉

人类的眼球和刺激着我们的食欲，婺源炭菜，却还是凭借着它独特的手艺和众口称赞的口味，牢牢占据着婺源人甚至许多来婺源工作、旅游、生活的外地人的肠胃。不管是常年在外闯荡的游子，还是固守秀美山水的居民，这种“营养不流失、食后不上火、色香味俱佳”的传统菜肴，始终是深藏在阙里遗民脑海里难以忘怀的美好记忆。

白水炭辣椒，是众多婺源炭菜里极其容易烹制而又味道极为清新爽口的一道婺源名菜。学做这道菜，非常容易，但要做好这道菜，却非常的困难。具体的程序是：在准备炊饭之前，先将辣椒洗净，在砧板上切成窄窄的圈状，并佐以姜末、蒜泥，装入盆中，浇上适量的柽籽油和酱油，并撒上精盐。米饭蒸下锅后，将盛满辣椒的菜盆，放到饭甑沿边（现代人用电饭煲焖饭，可以将菜盆放到电饭煲的座屉上），让辣椒随着炊饭的蒸汽和米饭一起熏蒸。饭熟了，菜自然也就熟了，出锅的白水炭辣椒，色泽鲜艳，香清汤浓，味道独特，营养丰富，非常下饭。

如果觉得只有辣椒一种，内容太过于单调的话，你也可以在装入辣椒之前，将一块白豆腐切成一寸见方的丁放进盆中，然后在豆腐上覆盖辣椒，再加入姜末、蒜泥、酱油、食用油、精盐、鸡精等其他作料，同样放到饭甑沿或者电饭煲的座屉上，和米饭一起炭熟。不过，这样一来，原来的“白水炭辣椒”就变成了“辣椒炭水豆腐”了。这种不用米粉、只用蔬菜随机烹制的菜肴，特别适合于竞争激烈、工作忙碌的当今社会。在日常生活中适当增加烹制这类菜的频率，对上班一族来说，可以更加有效地利用时间，减少因工作紧张而厌恶家务劳动的心理压力，并在有限的可以自由支配的时间里，获得更好的营养和更多的休息空间。

“白水炭辣椒”和“辣椒炭水豆腐”，是众多琳琅满目婺源水炭蔬菜中的两朵奇葩。在这两种炭菜之外，白水炭落苏羊角、辣椒壳炭干鱼、咸鱼炭豆腐、炭子糕等，都是不需要米粉作为主要烹制原料的炭菜。这些炭菜的共同特点，就是工艺简单，形式单一，味道清淡，操作容易。对那些喜欢简约生活的人们或者素食主义者们来说，徽州婺源老祖宗们发明的这些精美菜肴，都是他（她）们明智和不二的选择。

11. 婺源�娄菜(2)

除了上篇介绍不需要米粉作为主要辅料的非米粉类�娄菜后，婺源还有许多和蒸菜、糊菜那样需要使用米粉作为主要辅料才能完成的米粉类炋菜。这些米粉类炋菜，形式多样，品种众多，口味别具一格，具有非常典型的地方特色。比如，炋苦瓜、炋落苏、炋芋头脑、猪肉炋水笋、腊肉炋山蕨、炋番薯、炋鱼、炋猪脬、炋猪肠、炋鸡杂等菜肴，都是人们在日常生活中不可缺少且久食不厌的美味佳肴。

紫苏炋小河鱼，是众多婺源米粉类炋菜的佼佼者。取三五寸长(鱼不可以太大，太大会影响烹制和口味)的小河鱼8—10条，去鳞、挖鳃、剖腹、除肠、洗净并沥干备用，将紫苏叶切细切碎，将香葱切成小段，同时还应另准备米粉、姜末、蒜泥、料酒、酱油、精盐、鸡精等作料和调味品。先用精盐将小河鱼稍稍腌渍10—15分钟，再将小河鱼放到装有酱油和料酒的碗中打几个滚，然后将鱼移到米粉坛中让鱼全身都裹满米粉；将逐条裹满米粉的小河鱼，依次并排平铺到干净的青花瓷盘中，撒上已经准备好的姜末、蒜泥和紫苏叶；等锅中水烧开或者饭锅开始冒热气时，将已经装盘的小河鱼移入锅中，放到饭甑沿边或者电饭煲的座屉上，大火炋熟。

炋鸡杂的原料

等到小河鱼炋熟后(婺源人鉴别鱼儿是否熟了的方法是看鱼的眼睛，

鱼眼翻白说明鱼已经熟透，反之则还需继续煲上几分钟)，揭开锅盖，加入鸡精，复将锅盖盖上。这个时候，饭锅可以撤去火源，只需让锅内余温将鱼继续焖上五六分钟。然后将盛有小河鱼的盘子取出，浇上刚刚熬好的熟油，并撒上葱花。这样，一盘白里透红、葱青叶紫、肉嫩味鲜、香远益清的“紫苏煲小河鱼”，就可以尽情品尝了。刚刚出锅的紫苏煲小河鱼，色、香、味、形俱佳，无论是吃饭还是下酒，都是除在婺源之外难得一见的人间美食。

记得小时候，吃紫苏煲小河鱼最多的时候是在阳春三月。在婺源，有“油菜结榔锤，倒须装鲢鱼”这么一句广泛流传民间的民谚。民谚的大意是这样的：每当油菜花谢，岸柳垂青，桃花盛开的时候，就是婺源乡民带着“倒须”去田沟水圳捕鱼的大好时机。倒须，是婺源人喜欢使用的历史已经很久的一种用竹编制而成的捕鱼工具，也叫“鱼筌”或者“鱼笱(gǒu)”，是一种呈圆锥形、尖端封死、开口处装有倒须的漏斗。使用时，将漏斗头朝下尾朝上地放置在水沟的汊口处，鱼可以顺水而入，但因为有倒须阻拦，却不能出来。这种晚上放置、早上取回的非常环保和科学的捕鱼方式，可惜在物质经济日益发展的今天，已经越来越不多见了。

晾晒的芋头茎

辣椒煲小河鱼

粉煲猪肉

在婺源农村，“辣椒煲鸡杂”也是一道既体现婺源人简朴又凸显农家风味的乡间美味。在过去，做这道菜时，一定要恰逢这家主人杀鸡，因为只有杀鸡后，才可能有鸡胗、鸡肠、鸡心、鸡肝等鸡内脏以供烹饪。现代物质供应丰富，只要心中愿意，随时随地都可以烹制这道菜了。将鸡胗、鸡肠、鸡心、鸡肝等鸡内脏洗净并切碎，同样准备好姜末、蒜泥等作料。先用适量精盐和酱油将鸡杂稍稍腌渍，然后加入已经切好的辣椒，再加入适量的米粉、姜末和蒜泥，不停地搅拌，直至搅拌均匀。然后将全身裹满米粉的鸡杂、辣椒等物，轻轻装入盘中(记住千万不要用力挤压)，等锅中水烧开后，将装有鸡杂的盘子放到饭甑沿边或者电饭煲的座屉上，武火煲上15分钟。15分钟后，揭开锅盖，用筷子将盘中鸡杂上下搅动一下，以便鸡杂受热受气均匀到位。同时加入味精，改用文火继续焖上五六分钟后，“辣椒煲鸡杂”这道在五星级大酒店都无法享用的美味，就可以飘然而出，让你一解口馋了。

除了煲鱼、煲肉、煲鸡杂等荤菜，婺源还有许多素食主义者偏爱的绿叶煲菜。在婺源2947.51平方公里的土地上，到处都有让人口味大开的原生态蔬菜和野菜。比如，常年生长在大河小溪边的野生芋头，就是一道有益身心健康的绿色食品。

在婺源，芋头的茎和叶，一般被制成干菜，以便在青黄不接时食用。而芋头的块根，又被分为“芋头子”和“芋头母”两种。芋头子个小体圆，肉厚粉多，一般都被用来调制成黏嫩爽口的“水煮芋头汤”、“芋头排骨汤”与“芋头扣肉”等菜肴。而剩下的芋头母(婺源人也称“芋头脑”)，由于质地坚硬，须多皮厚，且有“发麻、生涩、发痒”的特性，一般都不怎么受人欢迎。

不受欢迎归不受欢迎，但暴殄天物却不是崇实务本婺源人的个性。因此，每逢芋头收获的季节，婺源农家的饭桌上也总少不了“粉烎芋头脑”的影子。

将芋头脑去皮、去须、洗净，然后用萝卜礤将芋头脑擦成丝，倒入盆中；等蒸锅中的水烧开后，才可以往盆中加入米粉、精盐、姜末、蒜泥，喜欢吃辣的还可以加入少许碎干辣椒或碎新鲜辣椒；搅拌均匀后，装盘放入蒸锅，大火烎上20分钟左右。然后揭开锅盖，稍作搅拌，并检查是否熟透。撤火后，让芋头脑继续焖上5—10分钟，然后出锅，并浇上刚刚熬熟的柽籽油，撒上葱花。这样，美味清香、滑软酥糯、如珍珠般洁白且雅俗共赏的“粉烎芋头脑”就大功告成了。

据婺源新安医学传承人、87岁的老中医郎革成先生介绍，芋头性平，味甘、辛，有小毒。久食能补肝胃、调中气、添精益髓、化痰散结、丰润肌肤。对少食乏力、瘰疬结核、久痢便血、痈毒等病症也有明显的治疗作用。

12. 下溪狮头丸

下溪，又称“下溪头”，是婺源众多美丽乡村中一颗璀璨明珠。这个肇基于南宋初的古老村落，东面和北面与安徽省休宁县交界，南接伟人故里江湾镇，距离婺源县城紫阳镇52公里。这里，不但有青山似黛、白水如环的旖旎风光让你赏心悦目，还有古老神奇、规模壮观的“社公”表演，让你击节赞叹。近代声隆上海、名扬海外的一代名医、原上海中医学院首任院长——程门雪，也出生在这个钟灵毓秀之地。

下溪狮头丸，是婺源徽菜大观园中众多光彩夺目鲜花中的一朵。据传，这道菜最早并不是来自于家庭饮食，而是发源于祭祀“社公”的祭品。社公，传说是掌管人世间土地和五谷的地方神灵，徽州自古崇拜社公，婺源也不例外。在婺源每个村落的大大小小社庙之中，下溪头村的社公庙历史最为悠久，规模也最为宏大。据传，早在宋代建村开始，就修建了社庙，社公祭祀也一直延续到现在。目前仍保存完好的下溪社庙，整个架构为清后期的建筑风格，显然是在原来的基础上做了重大修缮。整个“社公坛”的建筑，雕梁画栋，用料考究，雄厚典雅，美轮美奂，蔚为大观。据对婺源民俗颇有研究的毕新丁老师介绍，下溪头的“社公坛”，素有“江南第一社庙”的美称。

在过去婺源人的记忆中，有两个节日总是让人记忆深刻的，一个是溪头初七，一个是段莘十八。溪头初七祭祀的是“社公”，段莘十八祭祀的是徽州地方神——“汪公”。在老人们的记忆中，整个溪头初七仿佛就是打爆竹的日子，从早上的第一声金锣响起，爆竹声就此起彼伏，延绵不绝，仪仗队的爆竹未歇，村民们就已经早早在自家门口放起烟花和爆竹，以迎接社神的到来。在这一天，整个村落都被香火的青烟和爆竹的硝烟弥漫着，氤氲着……

祭祀如此隆重，那么和整个祭祀活动密不可分的祭品，也自然就引起人们的高度重视，不能有丝毫的马虎大意了。祭祀社公，除了一般祭祀活动中必不可少的香烛、金银和“八碟”之外，狮头丸是必不可少的。制作狮头丸，规矩很多，规格很高，一般来说，就是要请那些公婆子女都健全并健康、父母丈夫也十分疼爱的“有福气”人操瓢。一般的人是不能轻易下厨，制作这神圣的“狮头丸”的。

下溪狮头丸

肉丸

肉果

制作狮头丸，不同于烹制其他菜肴，程序有点复杂，所需的时间也比较长。第一要务是提前将糯米在水中浸泡一天一夜，然后才可以准备精肉、鸡蛋、冬笋、香菇、生姜、葱花、盐、酱油、胡椒粉、黄酒等原料。据下溪村有“茶神”之称的71岁老人程祖培老先生介绍，制作狮头丸的具体操作方法大致如下：

第一，先将已经浸泡一天一夜的糯米捞出，沥干备用。第二，将猪肉洗净，去筋膜，剔骨头，并剁成肉末。也可以用搅拌机将精肉搅成肉馅，然后倒入盆中。第三，在肉泥上加入适量的姜末和冬笋丁、香菇丁（这种加入肉泥中的冬笋丁、香菇丁也要切得很细）。第四，将鸡蛋打碎，在肉泥、姜末、香菇和冬笋的混合物中注入蛋液，以增加这种混合物的黏度（注入蛋液是一种技术活，不能太多，多了会使肉泥不易成丸;也不能太少,少了会破坏口感。相对而言,一般一公斤肉泥两个鸡蛋为佳)。第五,加入葱花、盐、酱油、胡椒粉和黄酒,并加以搅拌,直至搅拌均匀。第六,将已经搅拌均匀的混合物做成如乒乓球大小的丸子,并将肉丸子的表面,全部裹上糯米、捏紧。最后,将全身蘸满糯米的肉丸平整摆放盘中,放入蒸锅,大气蒸熟,即可出锅。

用这种方法烹制出来的狮头丸,颜色洁白,鲜艳透亮,肉质鲜美,油而不腻,营养丰富。特别是刚出锅时,肉丸表面黏附的那一层糯米饭,颗粒饱满,晶莹透彻,如同一颗颗镶嵌在肉丸上的珍珠,令人爱不释手,不忍下箸。

随着人们对物质水平的不断追求, 随着人们思想观念的不断改变,这种过去在平时难得一见的传统美食,如今也开始走下神坛,走入寻常百姓家中。不过,由于烹制这种风味独特的"下溪狮头丸",不但费时费力,而且耗钱劳心,因此,即使在物质丰富的今天,也只有在逢年过节的时候,村民们才会静下心来精心烹制。当然,在平生难得一遇的婚丧、乔迁等筵席上,这种美味佳肴也是绝不可以缺失的。

说到狮头丸,就不能不说一说下溪村的"梨园茶"。自古以来,梨园茶就和狮头丸一起,被视为下溪村民们味蕾上的至尊享受。这种根据明·罗廪《茶解》之说,在梨园里套种茶树而后加工出来的茶叶,除了具有婺源绿茶那种"颜色碧而天然,口味香而浓郁,水叶清而润厚"的三大特点外,更由于茶叶成长时吸够了梨花的芳香,所以这里出产的茶叶还会多出一股淡淡的梨花香。明清时期,下溪梨园茶与砚山桂花茶、大畈灵山茶、济溪上坦源茶号称婺源"四大名茶",并被列为朝廷的贡品。

吃一盘口味纯正的"下溪狮头丸",品一杯沁人心脾的下溪"梨园茶",然后沿着清澈的武水、龙溪,在下溪村领略幽美恬静的村落风光,触摸古老神奇的徽州文化,感受朴实率真的乡风和令人眼花缭乱的民俗,相信任何一个曾经到此一游的过客,都会有一种恍如隔世、不虚此行的真实感觉。

13. 段莘蹄髈

前文说过，一个溪头初七，一个段莘十八，是婺源人最记忆深刻的两个重要节日。溪头初七祭祀的是“社公菩萨”，而段莘十八所祭祀的则是整个徽州地区的地方神——“汪公大帝”。

汪公大帝，又称为“花朝老爷”、“太阳菩萨”。据说，这位汪公大帝，真名叫汪华，字国辅，又字英发。安徽省绩溪县汪村人(隋唐时属歙县)，是隋末唐初的地方自治首领。汪华年幼时父母双亡，寄养在歙州的舅舅家中长大，并应募成为护郡兵丁。由于智勇过人，汪华渐渐在郡兵中崭露头角，成为郡兵的精神领袖，深受将士拥护。

隋末天下大乱，群雄并起，汪华审时度势后策划了一场兵变，推翻了歙州的旧政官员，占领了全州。初战胜利后，汪华高举义旗，连克宣州、杭州、睦州、婺州、饶州，所向披靡，深得民心。于是，他拥六州之地，自称吴王，颁布了一系列让老百姓休养生息的政策，使皖、浙、赣三省交界的这六州百姓，得以在乱世中安居乐业。公元621年，秦王李世民奉唐高祖李渊之命南征，汪华有感于唐朝的强盛和德政，上表请求归附，被任命为歙州刺史，总管六州军事，并被封为上柱国越国公。后来，汪华奉召进京，任忠武大将军，深受李渊父子的信任。唐太宗李世民征辽时，一度委任汪华为九宫留守。公元649年，汪华病逝于长安，灵柩运回家乡后，安葬在歙县的云岚山上。

汪华死后，六州的老百姓自发组织起来，庙宇祭祀不断。作为徽州婺源，对汪公的祭祀自然也不逊于其他地方。在过去的婺源乡村，每一个村庄的水口，都建有祭祀汪华的“汪帝庙”。而在婺源大大小小的村坊祭祀活动中，段莘正月十八的“抬十八”尤为隆重，其规模与形制，被列为婺源县内所有祭祀汪公活动之最。

段莘，又称莘源，明清时期为婺北地区最大的村庄。地势平整，人烟稠密，店铺林立，极为繁华。自古以来，段莘村就重视文化教育的建设，这里的“阆山书院”、“东山学社”等，在徽州相当出名，历朝历代均培养出不少名人仕宦，而最为有名的，当数明朝的太子少保、南京兵部尚书汪应蛟和被一代能臣曾国藩称为“我朝有数名儒”的硕学通儒汪绂。

整个段莘“抬十八”，从农历正月十三的夜里开始，持续到正月二十三日结束。从十八日开始，连续三天在汪氏宗祠“崇义堂”举行祭祖仪式，祭品种类繁多，场面威严肃穆。在所有祭品中最显眼最突出的，是四头重约200公斤的祭猪。最重的那头猪，头插金花，脚戴金镯；次重的那头猪，则头插银花，脚戴银镯；剩下两头体重较轻的，便只有头戴翡翠，脚戴花镯了。每年段莘村做十八，四乡亲朋云集，场面十分隆重热闹。

祭祀活动结束后，也就意味着每年一度的“烹饪大赛”拉开帷幕了。因为这四头祭猪，是上年中秋时就养在经抓阄确定的四户人家中

老厨娘

段莘蹄髈

的，作为奖赏，每户养猪的人家都将获得祭猪的一个后腿。为了表示对家族的谢意，得到猪腿的人家，往往会准备一桌精美的酒菜，宴请族里主事及德高望重的长辈。在这一桌丰盛的酒菜中，这四户人家的饭桌上，无一例外都摆着一盆肉嫩皮酥、芳香四溢的“清炖蹄髈”。

在婺源所有的清炖蹄髈中，段莘的清炖蹄髈，自然是最为入味和最“声名显赫”的了。烹制清炖蹄髈，是一道对烹饪水准要求很高的技术活，在“蒸蹄髈需要什么样的火候”和“何时加盐最适宜”这两个方面，往往很难把握。蒸的时间太短，会造成蹄髈未熟、不烂；时间太长，又会破坏整道菜肴的造型和滋味。据世居段莘裔村的78岁老人汪吉祥先生介绍，烹制“段莘蹄髈”，一般按照下列步骤依次进行：

猪腿从猪的身上砍下来后，首先将猪脚斫去，然后修成5斤左右的椭圆形。蹄髈修得有型，也就先赢得了食客们的好评，这是烹饪“段莘蹄髈”成功的基础。蹄髈修好后，先去毛、去杂、洗净，然后沥干水分备用。其次，是将整只蹄髈放入大砂锅或陶盆中，用武火在锅中蒸上两小时，五成熟左右。去汤，上色。冷却两小时后，撒上适量的精盐，复用武火蒸3—4小时。出锅前30分钟改用文火，并加入干香菇少许或枸杞适量，以及料酒、生姜、葱、味精、酱油、麦芽糖稀少许。最后用筷子捅蹄髈深处以探是否熟透。如果筷子所到之处，皆一插到底，说明可以出锅，反之，就还需要加火再炖些时间。

蒸熟后的段莘蹄髈，汤清色亮，味鲜皮红，肥而不油，香而不腻。男人吃了可以填精补肾，健腰强体，四肢有力；女人吃了可以护颜养肤，滋阴补血，调和养分。查阅相关营养学研究资料，我们知道：蹄髈肉皮中含有丰富的胶原蛋白质和弹性蛋白，如果人体细胞缺少此类物质，细胞结合的水量就明显减少，使皮肤干燥而出现皱纹，老年人会呈现形体消瘦，苍老乏力。而蹄髈营养很丰富，含有较多的蛋白质，特别是含有大量的胶原蛋白质，和肉皮一样，是使皮肤丰满、润泽，强体增肥的食疗佳品。由此可知，那些长年累月居住在大山深处并从事着繁重体力活的婺源乡民，比整天涂抹着高级化妆品的人的皮肤还要强的原因了。

天然、考究的原材料，配以高超、娴熟的烹饪工艺，无怪乎段莘蹄髈一上桌，立即受到食客们的欢迎。无论是体孱气虚者，还是身强力壮者，以及那些急于减肥的美女少妇们，都忍不住争先恐后地大快朵颐起来。随着时间的迁移，段莘蹄髈这道原本名不见经传的地方小菜，经过历代婺源厨娘的不断改进和提高后，竟成了徽州菜系的上品，至今让婺源人、徽州人，乃至所有来婺源参观、度假的客人们在品尝之后，一个个眉飞色舞，意犹未尽。

14. 清炖石鸡

记得有一首《新安竹枝词》是这么说的:"红苋调灰种磅田,落苏扁荚竹篱边。枯松高架南瓜络,羊角牵排豆蔓连。"说的是婺源人家包括整个徽州人家生活居住的乡村景象。田头路边,勤朴的婺源人都会见缝插针地种上一两丛南瓜、扁荚。日常饮食之中,也很少讲究玉馔珍馐,注重的往往是节衣缩食。"随菜便饭"、"粗茶淡饭"、"苦菜苦饭"这种现象,不独在婺源,在古徽州"一府六县"的很多地方,无论是富足之家还是贫寒之户,比比皆是。《歙事闲趣·歙风俗礼教考》中就有这样的记载:"家居务必俭约,大富之家,日食不过一脔,贫者盂饭盘蔬而已。城市日鬻仅数猪,乡村尤俭。羊唯大祭用之。鸡,非祀先待客,罕用食者。鹅鸭则无烹之者。"

地理分布在黄山之侧、浙水之源的婺源,虽然土地贫瘠,田产不

收获后的田野

多，但因为山高林茂，溪流纵横，所以也就形成了婺源四季分明、冬无严寒、夏无酷暑的良好生活环境。广袤的婺源山区分布着名目繁多的可食动植物种，据有关部门统计，婺源有可食植物800多种，有可食动物资源家禽家畜10余种、爬行类20余种、两栖类10余种、鱼类30余种。这些物种，对地广人稀的婺源来说，几乎是一个取之不尽、用之不竭的天然庄园。比如，一向被称作是“徽州三石”的石耳、石鸡、石斑鱼，在婺源任何一个地方，几乎可以一样不少地找到。

石鸡，学名棘胸蛙，又名棘蛙、石蛙等，属两栖纲蛙科，是我国特有的大型野生蛙。石鸡全身呈灰黑色，皮肤粗糙，雄蛙背部有成行的长疣和小型圆疣；雌蛙背部散布小型圆疣，多成行排列而不规则。腹部光滑有黑点。成蛙一般体长8—12厘米，体重可达250—750克。就是这种雄大雌小、酷似青蛙的石鸡，由于肉质细嫩洁白，味道甘美，且富含多种矿物质元素，自古以来，一直被婺源人们视为珍稀佳肴，素有“山珍”的美誉。现代医学证明，常食石鸡，具有滋补强身、清心润肺、健肝胃、补虚损，以及解热毒、治疳疾等功效，是汇饮食、药用于一体的天然保健食品。

石鸡常年生活在山高水冷、人迹罕至的山涧和溪沟的源流处，尤喜栖居在悬岩底的清水潭以及有瀑水倾泻而下的小水潭，或有水流动且清澈见底的山间溪流中。石鸡畏光怕声，后肢粗壮，跳跃能力很强，弹跳高度可达1米。傍晚时爬出洞穴，在山溪两岸或山坡的灌木草丛中觅食、嬉戏，异常活跃。但其活动范围不大，多在洞穴周围20—30米，夜深时，返回洞穴。白天一般伏在洞口，或潜伏在草丛、沙砾和石头空隙间，伺机捕捉附近的食物。一旦遇蛇、鼠等天敌或人，迅速退回洞内，或潜入水底。

捕捉石鸡是一项极其辛苦和危险的工作。由于石鸡白天生活于山洞或阴湿岩石缝中，黄昏以后才出洞活动，其活动区域常有老鼠、蛇、野猪等出没，因此捕捉石鸡这项工作不是一般“四体不勤、五谷不分”的人可以完成的，只有那些常生活在大山之中且对石鸡生活习性了如指掌的山中猎人，才可以胸有成竹地捕捉到这种山中珍品，让人们一饱口福。

捕捉石鸡很难，烹制石鸡也不容易。相对而言，在饮食烹饪的方式方法上，石鸡基本上都是以清炖为主。整个徽州婺源，人们擅长的是烧、炖、焖、煨、蒸、烎、糊等烹调方法，注重的却是火腿佐味，冰糖提鲜。

清炖石鸡

讲究的是“药食同源，药食并重”。因此，追求食补与养生，是所有婺源及整个徽州人普遍遵循的烹饪法则。源于滋补养生的道理，烹饪石鸡一般也采用煮汁熬汤的“清炖”为主，很少用“红烧”、“水煮”、“清蒸”或“粉蒸”等其他烹饪方法。

按照“浅水湾乡下菜”老板、60岁的齐泽民先生介绍，清炖石鸡，大致可按照以下步骤进行：先将装在网兜里的石鸡放入盆中(注意，切不可解开网兜，若解开网兜，石鸡会猝不及防地弹跳而出，四处逃散的)，再用80摄氏度左右的开水将石鸡烫上一遍(这是一个技术活，冲泡时要注意让每一个石鸡受水均匀，且注意让开水烫过的石鸡通风散热，不要将石鸡烫得皮开肉绽)，然后用生姜将每只石鸡的全身擦拭一遍，并用手轻轻地煺去石鸡皮肤表层的蝉衣，这样做的目的主要是将附生在石鸡身上的细菌杀死，确保消除异物。擦拭干净后，将石鸡放入清水中，揭开头盖，剖腹去内脏，并在石鸡头部、大腿根部处齐腰切断，一斩为四，洗净沥干。另外准备腊肉、咸猪油适量，香菇少许，生姜切片，葱白切段备用。

最后，取炖钵一只，先将腊肉放入钵中，然后在腊肉上面覆盖上香菇，再放入石鸡，加精盐、姜片、葱白、味精，注入清水(以水淹没石鸡三分之二为好)，入蒸笼上旺火蒸，大约30分钟，可将石鸡蒸至酥烂，撤火取出炖钵，拣去姜片、葱白，即可食用。这时的石鸡，肉嫩而烂，汤清而鲜。无论男女老少，皆可食用，实为大补之物。

清炖石鸡，也是婺源最具时间限制的菜肴之一，每年公历的6月到8月，是食用石鸡的黄金季节。其余月份，因为石鸡已进入冬眠或休眠状态，无法捕捉。因此，每年在七八月时去婺源旅游的人们，在饱览婺源美丽的山光水色同时，千万不要忘记向店家点一盆“清炖石鸡”，享受一下婺源特有的山珍美味。

15. 泥鳅煮豆腐

徽菜,是一种注重本味、味正平和的古老的菜肴。在最初的徽菜中,原料全部都是因地制宜,就地取材的。从某种意义上讲,徽菜是一种原汁原味的本土菜肴。这种来自民间的菜肴,带有浓郁的人文风味和地域特点,朴实、丰富、实惠、可口。后来,随着徽商的崛起,这种乡土家常菜慢慢地被商人以及仕宦们带出了家乡,走向了苏、杭、京、广、云、贵、川、沪等徽州之外的世界,慢慢地也就分出了“乡土菜”和“徽馆菜”两个部分。乡土菜继续保持着农家过去的传统烹饪方式方法,徽馆菜则是从民间不断挖掘总结并吸收其他菜系优点的升华。有人曾经这样形象而中肯地评论徽菜:“整体一幅画,分开像朵花,进入徽菜馆,吃后不想家。”

清清溪流

婺源的“泥鳅炖豆腐”，是徽菜系中乡土菜的佼佼者。婺源自古归徽州管辖，和整个徽州一样，菜系的形成，与古徽州独特的地理环境、人文环境、饮食习惯和宗教信仰息息相关。婺源，地处万山丛中，山峦叠翠，溪流遍布，云环雾绕，竹木成荫。由于上天赐予婺源的自然条件比较优越，所以自开埠到20世纪80年代，婺源几乎没有什么大的自然灾害发生。近年来，由于森林、毛竹等大量植被被破坏，才陆陆续续地发生过几次洪灾。不过，随着婺源县政府对阔叶林的禁伐，相信不远的将来，这种被动的局面会得到有效的扭转。

俗话说：靠山吃山，靠水吃水。作为山高水冷、田少物博的婺源，饮食主料除了自己在田间地头所种植的以外，更多的就只能依靠蕴藏丰富物产的山林、溪水了。婺源的山，土地肥沃，随便种什么都能有不薄的收获；婺源的水，清洁卫生，也非常适应各种鱼类的生长。因此，“泥鳅炖豆腐”这道荤素双兼的美味佳肴，也就得天独厚地在婺源应运而生，并走进生于斯长于斯的婺源人家。

泥鳅炖豆腐，是婺源的一道历史名菜，它对原材料泥鳅的要求相当严格。一般而言，泥鳅以两寸以内的为最佳，两寸以上三寸以内的次之，三寸以上四寸以内的为最差。四寸以上就不能用作炖豆腐的材料了，只能去做诸如“泥鳅煮黄瓜”、“粉蒸泥鳅”之类的菜肴了。

泥鳅是婺源产量较多的水生动物，遍布婺源的沟圳水田当中。在过去，婺源人吃泥鳅，一般都自己动手：先去田中或河中捞取泥鳅，捞回家后放入注入清水的桶内，滴上几滴菜油，以便让泥鳅排泥吐污，清除肠内垃圾。中途换水，每次都要记得滴上菜油，以让泥鳅排尽肚内泥沙。一般来说，每天换水两到三次为好。泥鳅在桶内静养两三天后，才可以下锅

泥鳅

烹制，或红烧，或水煮，或清炖，或粉蒸等。

泥鳅炖豆腐

根据我的好友、在江湾工作将近十年的程兆辉先生介绍，泥鳅炖豆腐的具体做法是：用砂锅注入清水，放入已经排尽腹内泥沙粪便的泥鳅（这时候的泥鳅已无须破腹），将白豆腐切成两寸见方的方块后，也一起放入砂锅中。另外，准备生姜、大蒜、料酒、咸猪油和葱备用。

一切准备妥当后，将砂锅放到液化气或煤炉上（最好是炭炉），用文火慢炖。开始的时候，水是清凉的，泥鳅在豆腐周围游来游去，好不惬意。慢慢地，随着水温的升高，砂锅里的泥鳅也就有点惊慌失措了。这个时候，暂时还冰凉的豆腐成了它们寻求出路的唯一选择。于是，锅里的泥鳅都不顾一切地往豆腐里钻，直到全身都没入豆腐之中。

柔嫩的豆腐是没有办法阻挡水温的升高的。泥鳅们最后还是逃脱不了被消灭的命运。随着水温的不断升高直至沸腾，这些泥鳅也就无可奈何地全部成了“泥鳅炖豆腐”的当然主料。

泥鳅豆腐煮到这个时候，主厨就应该揭开砂锅盖子，加入事先准备好的生姜、大蒜、料酒、咸猪油和精盐了。加入作料后，砂锅要重新盖上盖子，改文火为武火继续炖煮。十几分钟后，砂锅中的汤水会被炖煮成非常好看和诱人食欲的乳白色。这时，便可以关火，揭盖，放入葱花，然后装盆上桌了。通过这样的方法炖煮出来的泥鳅豆腐，入口即化，鲜美无敌，无论家居还是待客，都是一道不可遗漏的佳肴。

另据新安医学非物质文化遗产传承人、87岁的老中医郎革成医师介绍，泥鳅，味甘，性平，有暖中益气、醒酒、解除消渴症等功效。同米粉一起煮食，还可以调补中焦脾胃，治疗痔疮。豆腐，味甘、咸，性寒，有宽中益气、调和脾胃、消除胀满、通大肠浊气、清热散血的功效，两者合二为一烹之,则可以健脾益气,延年益寿。特别是清炖出来的泥鳅豆腐汤,非常适用于中老年人的保健养生。经常食用,大有裨益。

据说,婺源的泥鳅炖豆腐,最早肇始于江湾,广泛流传于南宋,从明清时起一直至今,婺源家家户户都会烹制这道有益寿延年奇效的乡土菜肴。抿一口汤鲜味美的泥鳅豆腐汤,听一曲粗犷豪壮的"舞鬼戏",是作为曾经纵横驰骋神州四百年的徽州商人,至情至性的享受。从《徽商研究》一书中可以发现,随着徽州商帮的兴隆,徽州人(包括婺源人)陆陆续续将更多的民间土菜推向更多的地区,一支由宣城、郎溪、广德至浙江一带,另一支则由新安江进入杭州、嘉兴、湖州各重镇,然后在长江中下游一带发展至西南。在这股变"乡土菜"为"徽馆菜"的浪潮中,尤以绩溪人最为给力,婺源人次之,以至于形成了"无徽不成镇,无婺不成徽、无绩不成馆"的规模。如今,经过数代古徽州人的不懈努力,最终将选料严格、制作精细、讲究用油用色重火功、善于保持原汁原味并形成完整体系的古徽州地方菜肴,已经发展成中华八大菜系主要构成——"徽菜"。如今,在全国很多地方流行甚广的"泥鳅炖豆腐",据说大多数都是宗徽州婺源的"泥鳅炖豆腐"为师的。我想,传言是真是假并不重要,重要的是作为乡土小菜的"泥鳅炖豆腐",已经被众多食客所接受,从乡间茅舍登上大雅之堂,这不也是一件令人不胜欢欣鼓舞的好事吗?

16. 黄枝冬笋

众所周知,婺源有“三石”,石鸡、石耳、石斑鱼,一向被人们视为山中珍宝。殊不知,婺源还有让人“食不厌精脍不厌细”的“三冬”——冬菇、冬笋和冬瓜,也同婺源“三石”一样,让人牵肠挂肚,难以忘怀。

在森林覆盖率高达82.5%的婺源,到处生长着弥补人类粮食不足的有机植物。据不完全统计,婺源境内有各类野生植物200余科、3000多种,其中可以食用的蔬菜、果品、真菌、淀粉、竹笋、野菜、鲜花和药材八大类,就占了800多种。在众多琳琅满目的野生植物中,毛竹是最受婺源人普遍喜欢的植物之一。这种始终与清溪为伴、针木为邻的常青翠竹,不但在每年的惊蛰以后春分期间,生产出大量鲜嫩肥厚的春笋供人们食用,就是到了银霜蚀面、白雪压身的时候,它还坚强地为人们奉献上富有营养价值和医药功能的人间珍品——冬笋。

冬笋是一种质嫩味鲜、清脆爽口的野生食品,更是一种有益身体的天然补品。《名医别录》上说它“主消渴,利水道,益气,可久食”;《本草纲目拾遗》中介绍它可以“利九窍,通血脉,化痰涎,消食胀”,尤其善于清化热痰。而现代医学研究证明,冬笋不但含有蛋白质、维生素和多种氨基酸,还含有钙、磷、铁等微量元素以及丰富的纤维素。既能促进肠道蠕动,有助于消化和预防便秘、结肠癌的症状的发生,而且对肥胖症、冠心病、高血压、糖尿病和动脉硬化等患者有一定的食疗作用。据说,冬笋自身所含大量的多糖物质,在防癌、抗癌等方面有着其他食物不可替代的巨大作用!

冬笋,是大自然对人类的恩赐,人类从什么时候开始挖冬笋吃,已经不可考。但从历代先贤留下的只言片语中,我知道婺源的笋是比较出名的,至少在唐代的《绩溪县志》和清代袁枚的《随园食单》中,就发现分别有“鄣笋炖猪蹄”、“鄣笋老鸭煲”等文字的记载。而书中所记载的“鄣笋”，就是生长在主峰海拔1629.8米的婺源大鄣山中的竹笋。

黄枝炖冬笋

无论冬笋春笋，由于风餐露宿于荒林幽谷之中，自然就带有那种与生俱来的野劲和不羁。因此，如果烹制冬笋的方法不当，不但不会给你带来如享天物那样的惬意和满足，也许还会因为冬笋固有的草酸和涩味，让你大倒胃口，形同嚼蜡。

那么，素有“金衣白玉、蔬中一绝”美誉的冬笋，应该怎么烹制，才会让人尽情享受其美味呢？历来就为“徽菜”的提升、发展和壮大做出重大贡献的婺源人，除了偶尔也会像当今市场上通行的那样，将冬笋与肉同炒外，大多数婺源人一般都会采用“煼碎肉”和“黄枝炖冬笋”的方式，对冬笋进行进一步的深加工。以便更加尽善尽美地展现出冬笋爽口清脆、柔软清香的一面。

烹制“黄枝炖冬笋”，事先要准备适量的黄枝、豆腐和冬笋，以及生姜、大蒜、辣椒、熟油、精盐、味精等作料。先将黄枝洗净并沥干切段、冬笋去壳并清洗后切薄片备用，然后在坩锅内放入清水和熟油，并用武火猛烧。等锅内的料汤开始沸腾的时候，放入已经切好的黄枝、冬笋。几分钟后，将白豆腐切成小块，一起放入坩锅中煮。等煮到七八分熟的时候，再加入生姜、大蒜和精盐，吃辣的朋友还可适量放一些婺源本地产的辣椒壳（一种被切碎并晒干的干辣椒，婺源人喜欢将这种干辣椒叫作“辣椒壳”）。最后，加入味精，即可边煮边吃了。这样用坩锅煮起来的冬笋，既可佐酒，又可下饭，男女老幼，莫不趋之若鹜，几乎没有一个不喜欢的。

将黄枝、豆腐和冬笋一锅煮取名为“坩锅冬笋”，是现代人的发明。

据老一辈人说，在坩锅没有面世之前，婺源人是用上述原料在锅里煮熟以后，装盆下酒吃饭的。因此，在20世纪80年代之前，这个菜始终叫作“冬笋黄枝豆腐”或者是“黄枝炖冬笋”。慢慢地，随着徽菜烹饪手艺的不断发展和社会物质水平的不断提高，人们发现用砂锅煮起来味道也相当不错。到最后，人们又与时俱进地用起坩锅来。如今，在婺源，无论是高档的酒店宾馆还是寻常的普通百姓家，每年的农历十一、十二月份和正月，人们都喜欢用黄枝、豆腐和冬笋一起用坩锅炖起来吃。

也许有朋友会问，冬笋、豆腐，市场上都可以随便买到，而这个“黄枝”，却不大容易找到了。话说的一点没错。“黄枝”，是徽州土语，是婺源腌菜的一种叫法，但这种腌菜比较特别，它既不是切得很碎很细压到瓶子里腌制的那种，也不是四周包得严严实实没有一点水分腌制的那种。这种腌菜，是在春冬季里，将整棵白菜(或带叶的萝卜)拔来，去根去皮去烂叶，洗净后又在架子上晾，一直晾到菜叶有点皱皱巴巴的时候，又将菜下到锅里烫一下水，然后捞起来将它们紧紧地压到大缸里，上面用石头压着，缸里面用盐水浸泡着的那种。这样腌制出来的腌

晾晒黄枝菜

菜，有色鲜味美、储存时间较长的好处。因为色泽金黄，流苏垂顺，所以在婺源当地，都将这种整棵腌制的腌菜叫作“黄枝”。

市面上也有因为找不到“黄枝”而改用其他腌菜烹制的“坩锅冬笋”。这种腌菜冬笋，粗尝一下，好像也有“黄枝煮冬笋”的香味，但一旦细品起来，味道是要大打折扣的。

冬笋虽然具有其他植物无法比拟的营养性，但是，人世间的万事万物，总有它的两面性。用之得当则大获裨益，反之也许会于事无补，甚至得不偿失。因此，全面了解食物的本质特征和人体自身的需求，也是至关重要的。传统中医认为：竹笋味甘、微苦，性寒。虽然能化痰下气、清热除烦、通利二便，但因为性寒，年老体弱者和婴幼儿最好别吃，女性月经期间以及产后也不宜多吃。另外，由于冬笋含有较多草酸钙，儿童、尿路结石者以及肾炎患者，不宜多食。

17. 炭碎肉

“常将有日思无日，莫待无时空叹息”，这是一个古徽州女人持家度日必须拥有的指导思想。知道历史的人都知道，在我国过去特别是近一千多年的历史中，女人总是扮演着“相夫教子”的角色。官场、商场、学堂等可以出人头地的地方鲜有女子出现，而在深宅、大院或厨房里，总离不开她们憔悴而忙碌的身影——她们要为全家人的一日三餐和缝补洗浆而操劳不辍。然后，一年四季，总有物质丰盈和短缺的时候，怎样才能将丰盈季节里的物质储存起来，留到物质短缺的时候使用，这也是每一个想成为“出得了厅堂，入得了厨房”的家庭主妇所必须考虑的问题。

于是，享有婺源“活化石”之称的“炭碎肉”，便在徽州女人的贤淑和智慧中诞生了。这道以“厨艺讲究、荤素搭配合理、不油不腻、营养多多”而盛传不衰的盘中珍馐，无论是在稀松平常的一日三餐，还是在人声鼎沸的红白酒宴，作为荤素搭配菜肴中完美结合的典范，炭碎肉始终有其他菜肴不可替代的位置。即便到了21世纪的今天，婺源人家的餐桌上隔三岔五总能看到它的身影。不但在红白喜宴上少不了它，甚至在逢年过节、祭祀祖先的时候，炭碎肉也是必不可少的一道主菜。

用最简单的材料和方法，做出世界上最不简单的味道，这，也许是聪明勤劳婺源人为世界文明做出的又一个贡献。不过，有一点应该可以肯定：如果没有婺源菜的创新与发展，“中国最美乡村”地位与名头一定会大打折扣。

就菜而言，婺源炭碎肉的主要原料离不开冬笋、干萝卜丝和五花肉这三项主要原料。当然，在婺源民间，也有许多人喜欢用茭笋、春笋等炭碎肉。用冬笋炭碎肉时，先将冬笋去壳洗净，并切成两寸长一二分宽的细丝，然后将五花肉剔骨洗净，沥干水分后切成五分见方的丁备用。另外将生姜切成末，大蒜拍成泥，有条件的，还可以切一些葱白。最后，将五花肉、冬笋、姜、蒜、葱白一起用米粉搅拌，撒上精盐，均匀后装入碗（盆）中，放入炊饭的饭锅里，连同米饭一起大火焚熟，便可食用了。

萝卜丝焚碎肉的基本程序和冬笋焚碎肉基本差不多，唯一不同的是制作萝卜丝的过程有些复杂。制作萝卜丝，首先要在冬天挑选肉厚、皮薄、外表无破损、里面不空心的萝卜，洗净后用萝卜礤（一种省时省力的能将萝卜变成细条的厨房用具，各厨房用具店及拍拍网有售）将萝卜擦成细条，然后将这些细细的萝卜条均匀撒在竹簟或木板上，放在太阳底下晒（注：也可以用无色的塑料布垫在水泥地上，然后将萝卜条撒在塑料布上晒。千万不要将萝卜条直接放到水泥地上晒，这样晒出来的萝卜丝，里面会含很多细沙，让人根本无法入嘴）。一般来说，在正常的太阳下，萝卜丝有三天时间基本就可以晒干。晒干后的萝卜丝，要用不漏气的塑料袋装好，系紧口袋，放入避光密封（fèng去声）的容器内保存。

等需要烹制萝卜丝碎肉的时候，预先在头天晚上将干萝卜丝抓出一把来（具体多少视需要而定，一般来说，三口之家，用手抓一大把就可以了），放在盆里，用冷水泡发。临近做饭的半个小时前，将浸泡在水里的萝卜丝捞出、沥干，然后加入五花肉丁、姜、蒜、葱白一起用米粉搅拌，撒上精盐，均匀后装入碗（盆）中，放入锅中大火焚熟，便可食用了。

萝卜

在以前，婺源人焚碎肉，主要集中在冬天，每一次都要焚出许多来。一是冬天便于储存，不易变质，可以随吃随焚；

干冬瓜也是焚碎肉的重要原料

二是可以让小脚厨娘们更好地从繁重的体力劳动中解脱出来。在过去的婺源农村，无论春夏秋冬，一般每天只做两顿饭：早上和晚上。早上烧好的饭菜，是要供应早上和中午两餐的。中午因为白天农活太多，劳作太忙，所以大部分人家的中午饭都是吃早饭剩下的。到了晚上，收工回家后，才有时间重新点火做饭，"点火世不夜"这句民谚的意思，讲的就是婺源农家秉烛做家务的历史事实。

焚碎肉，最好是选用大锅大灶，因为只有选用大锅大灶做支撑，焚碎肉做起来才能随心所欲，得心应手。随着城市化进程的不断加快，如今很多包括像我这样的乡下人，都有意识或无意识地被圈在了高楼之上。如何有效避免由于住房面积、住房类别、厨房改革等因素影响，继续享受过去那种只有大锅大灶才能做出来的可口烧菜呢？善于"在绝境中求生存，在逆境中求发展"的婺源人，经过一番认真的对比和实践后，终于又发明了新的烹饪工具：将同样拌好的碎肉放入蒸锅中隔水焚熟，味道还不是一样的喷香可口？少了的，无非就是当年烟熏火燎的那种气氛罢了。

18. 郭笋猪蹄

婺源有句俗话是这么说的:“吃婺源的菜要能等。”意思就是说,虽然婺源菜的烹调方法很多,既有爆、炒、熘、烩、炸、煮、烤、卤、焐等技法,也有烧、炖、焖、蒸、熏、烎、糊等技艺。但婺源人出于独特地理环境的影响和长期以来在历史进程中不断总结出来的经验,婺源人做菜,更喜欢采用“烧、炖、蒸、烎、糊”的烹调工艺,特别是“炖”,几乎已经被婺源人演绎到了炉火纯青的地步。

婺源人做菜,注重滋补,注重油涩相扶,讲究以食养生。虽然从来不在菜肴中辅以药材烹调药膳,但婺源人始终认为,完整无缺、原汁原味的食品,是滋补养生的重要途径。因此在婺源,整鸡、整鸭、整鸽、整鱼、整鳖煮汁熬汤,是经常的事情。除此以外,婺源人还充分利用遍布山野的野生植物资源,采集野菜并佐以熏肉、猪蹄、排骨等原料,细火

竹笋

慢炖，微火久熬。这样一来，既可以充分采集野生植物补充瓜果蔬菜的不足，又可以使肉类不油腻、野菜不涩口，同时还能兼收两者的营养成分，做到“医食同源，药食并重”。

笋干

笋，在婺源是一个应用范围很广的野生植物，也是婺源人餐桌上不可缺失的主要菜肴品种。笋，从时间上来分，有春笋、冬笋；从品种上分，有苗笋、水笋、金笋、苦笋、燕笋、木笋、江南笋、罗汉笋；从品质上来分，有鲜笋、酸笋、干笋，还有现代兴起来的保鲜笋等。在婺源民间的食谱中，有腊肉蒸冬笋、干笋炒肉片、干笋炒辣椒、腌菜煮笋、韭菜炒春笋、笋干八宝酱、干笋老鸭煲以及干笋炖猪蹄等有关笋的菜肴。

干笋炖猪蹄，是一道比较耗时但味道却非常不错的菜肴，在婺源，这道菜属于“滋补”菜的范畴。如果单从营养角度来讲，我们不妨引用一组现代营养学家们研究得出的数据：每100克猪蹄中含蛋白质15.8克、脂肪26.3克、碳水化合物1.7克。猪蹄中还含有维生素A、B、C及钙、磷、铁等营养物质，尤其是猪蹄中的蛋白质水解后，所产生的胱氨酸、精氨酸等11种氨基酸之含量均与熊掌不相上下。另外，从传统医学的角度来看，猪蹄又是多用途的良药。猪蹄中丰富的胶原蛋白，被称为“骨骼中的骨骼”，是促进骨骼生长的重要元素。同时，猪蹄中的胶原蛋白被人体吸收后，能促进皮肤细胞吸收和储存水分，防止皮肤干涩起皱，使面部皮肤显得丰满光泽。一代“医圣”张仲景，当年在他的《伤寒杂病论》中，曾经留下一段有关“猪蹄”疗效的记载，大意是：猪蹄上的皮有“和血脉，润肌肤”的作用。常吃猪蹄，可以促进毛发、指甲生长，保持皮肤柔软、细腻，对消化道出血、失血性休克有一定疗效，并可以改善全身的微循环，从而能预防或减轻冠心病和缺血性脑病。对于重病恢复期的老人,有加速新陈代谢,延缓机体衰老的作用;对于哺乳期的妇女,也能起到催乳和美容的双重作用。

干笋炖猪蹄的主要烹调方式是:首先,提前5—6个小时,将笋干浸泡在清水盆里,等到笋肉完全浸透,通体发软后,将笋干从盆中捞出,并切成二寸长的段,沥干备用。其次,将猪蹄去毛、脱蹄、洗净后剁成2—3寸长的段,放入已经烧热的砂锅中,先让猪蹄在砂锅中蒸发掉生水,然后加入酱油,不断地翻滚,把猪蹄煎到渗出油脂,肉皮变成通红以后,加水用武火猛炖(注意,水一定要加足,让水没过肉身以上。如果中途加水,菜味会有损坏)。再次,等猪蹄煮到一个小时差不多有五分熟后,往砂锅中加入干笋、八角茴、桂皮,继续用武火猛炖。最后,等干笋猪蹄又炖到差不多一个小时后,往锅中加入姜片、料酒、葱段、冰糖、精盐后,转文火慢炖半个小时。等到肉烂、笋软之后,即可装盘食用。

在干笋炖猪蹄的整个烹调过程中,笋是最为关键的原料。有些笋由于在采集过程中过于粗放,所晒制的笋干会良莠不齐,老嫩不一。如果都是一些炖不烂、嚼不动的“竹根”,我想,即使掌勺人的厨艺再好,食客们也会觉得形同嚼蜡,寡然无味。一般来说,笋以色泽呈黄白色或棕黄色、体态肥厚、笋节紧密、纹路浅细、质地嫩脆、长度在30厘米以下且具有光泽的为上品,反之则为中下之品,奉劝各位食客少买为妙。免得徒增烦恼。

据已经薪火相承了九代的“沛隆堂”主人程剑峰中医师介绍,笋干,性味甘寒,富含蛋白质、氨基酸、脂肪、糖类、钙、磷、铁、胡萝卜素、维生素和纤维素等人体必需的微量元素,有解暑热、清脏腑、消积食、生津开胃、滋阴益血、化痰、去烦、利尿等功能。另外,笋干内富有比较丰富的抗癌物“锗”,对防治肠癌有明显的作用。同时,笋干还可以促进消化,是肥胖者减肥的理想佳品……

干笋炖猪蹄

或旺火猛攻,或小火

慢炖，或微火煮焖，或炭火泥炉缓熬。心灵手巧的婺源“厨娘”们，早已深谙火候的调控之道。用纯正高超的用火技术，辅以考究、严谨的用油、调色手艺，力争做到“色、香、味、形”俱全，以满足社会各个阶层不同消费者的消费需求，正是婺源菜与众不同的高明之处，也是众多徽菜能够勾起人们食欲、让天下食客在婺源流连忘返的主要原因。

婺源，世代书香，深厚的文化积淀和浓郁的读书氛围，不但造就了千千万万个文人仕宦，也培养了一大批“守在深闺人未识”的民间“御厨”。如果没有这样一大批既能相夫教子，又能勤俭持家的“徽州女人”，我想，当年的乡土菜肴能否杀出重围，成为独树一帜、众口称赞的菜中“八佾”，还真令人担忧呢！

19. 话说干羊角

“山绕清溪水绕城，白云碧嶂画难成。处处楼台藏野色，家家灯火读书声。”一首《徽州》让后世知晓了徽州的清幽与古朴，也勾勒出“新安大好河山”人家普遍的“耕读传家久，诗书济世长”的好学家风。徽州好似一位蕙质兰心的大家闺秀，清丽却不失魅力，内敛却不失才气。而生于斯长于斯的徽州人更是把这种气质散发得淋漓尽致，无论是徽商、徽派文化抑或是徽州的民俗民风，无不散发着徽州的独特韵味。

自“永嘉之乱”之后，世居中原一带的大批士家大族不断举族迁徙南方，人少地稠的徽州逐渐成了中原大族的栖息之地。随着时间的推移，这些带来正统儒家文化的知识分子和仍然保留着奴隶制时代古老习惯和风俗的山越民族，相互学习，相互渗透，和平共处。在经过漫长而痛苦的封闭、排斥、交融、同化和升华后，逐步形成了汉越两族的融合，成为当地农业生产和社会发展的重要力量。

一方水土养一方人。和整个徽州一样拥有独特地理环境和独特文化内涵的婺源，自古养成了内敛、含蓄、吃苦耐劳和勤俭节约的鲜明个性。加上古徽州婺源，山多水冷，地广人稀，虎狼出没，农作物的种植也相当不易。因此，不尚奢靡，珍惜食物，勤于农事，是古代婺源人赖以生存和发展的主要法宝之一。在婺源的地角田头，溪边山脚，到处都可以看到婺源人见缝插针种植的各类蔬菜。在诸多绿叶素荣的蔬菜中，羊角，是获得婺源人太多感情与重视的重要物种之一。

何谓“羊角”？《金瓶梅》第49回中曾写道：“一碟羊角葱火川炒的核桃肉。”此词一出，弄得许多研究《金瓶梅》的专家学者们心中很是“茫然”，这“煮不烂吃不动的羊的头角”如何可以炒起来吃？其实，这种蔬菜南北都出产，只是称谓不同而已。“羊角”即长豇豆也！徽州人、婺源

羊角

人称“长豇豆”为“羊角”，现今如是。不过，婺源从地域上划分，自古又有“西南乡”和“东北乡”之别，而长豇豆的称谓也因种植它的地方不同而不一样。在婺源的东北乡，长豇豆被称为“羊角”，而在婺源的西南乡，长豇豆又被改称为“菜豆”或“菜豆结”。由此看来，婺源这种“五里不同腔，十里不同俗”的特殊现象可见一斑。

众所周知，羊角(本文取婺源县城对长豇豆的普遍称谓“羊角”，下同，笔者注)，是一种从春天到秋天皆可栽培的蔬菜。质脆而身软，肉质肥厚，脆嫩甘甜，富含丰富的维生素B、维生素C和植物蛋白质。经常食用长豇豆，可以促进人头脑宁静，调理消化系统，消除胸膈胀满，防治急性肠胃炎，防止呕吐腹泻的作用。

在婺源，烹制羊角的方法很多，可炒，可蒸，可煮，可腌，可煲。在众多的烹调手法中，干羊角的烹制手法不但经验老成，眼光独到，其口味和营养更是一般菜肴难出其右的。

烹制干羊角，首先要学会如何将“鲜羊角”成功变成“干羊角”。当年为什么要制作干羊角呢？以现代人的眼光来看，这当然是基于对食品不足的考虑。常言道，春播夏种，秋收冬藏。在物质供应相对贫乏的过去，每年的二、三月份，婺源人总要为盘中菜、口中粮犯愁。而这个时候，正是婺源干菜大显身手的时候，干落苏(茄子)、干萝卜丝、干萝卜片、干芋头荷、干黄瓜钱、干苋菜、干笋、干香菇、干木耳等，都是每年青黄不接时候弥补下饭菜不足的主打菜肴。而干羊角，则因为它的营养丰富、口味独特且种植容易、产量不低而一枝独秀，风光占尽。

干羊角的制作工艺并不复杂。先将新鲜的羊角剔去生虫、蜕皮、漏气和老残的那一部分，然后洗净沥干。其次将羊角平铺在米筛上，放入大锅中，武火猛攻，大气蒸熟(此时要注意火候，豆角蒸到变色即可，切不可过于蒸烂。一般而言，一米筛羊角只需20—30分钟)。再次，将已经蒸熟的羊角出锅，放在通风处。一俟羊角稍稍退热后，即将羊角悬挂于竹笐(hàng，竹笐，婺源及整个徽州人家晾晒衣服的竹竿)上或平铺在木板上，让它在太阳底下暴晒，直至彻底干透。最后，将已经干透的羊角装进不漏气的塑料袋中，扎紧袋口。然后放入密封性能良好的避光容器内，以备日后烹饪时随取随用。

有了干羊角，就有了烹调的主料。干羊角的烹调方式主要是“炖”和“焚”。虽然，干羊角既可以和辣椒一起来炒，也可以拌上米粉来蒸，

石磨

但干羊角的最佳食用方法，还是和猪肉、排骨等肉类品种一起混起来炖。这样搭配起来烹制，一则可以让干羊角充分吸收肉类的多余油分，起到荤素调和与增加营养的作用；二则也是为了省去不必要的柴火与时间。

比如，干羊角炖排骨：取干豆角适量，冷水盆中浸泡三五个小时，然后沥干并切成五寸长的段备用。取带肉排骨若干，洗净并剁成七八个小块。然后烧热炖锅，先放入排骨，加入酱油、料酒，将排骨不断翻滚、抖动三五分钟，待排骨颜色变成紫红色后，加清水、干羊角、八角茴，武火猛攻。半个小时后查看一次，如发现干羊角变软，入口一嚼就烂，就立即改用文火，并加入生姜、大蒜、精盐、味精等作料，继续炖上10分钟。然后起锅装盘，撒上香葱，即可食用。

粉羮干羊角，也是一道省时省力且味道不俗的好菜。将已经水发开的干羊角切成10厘米左右的段，配以适量的姜末、蒜泥、精盐与辣椒粉，然后掺以正宗的婺源米粉，搅拌均匀后装入敞口大碗或盘中，放入蒸锅大气蒸熟。羮熟后浇上刚刚熬出锅的香油，撒上葱花，即可食用。有条件的，还可以在已经搅拌好的干羊角上铺一层三寸见方的五花肉或腊肉，这样羮起来的干羊角会更加芳香四溢，令人胃口大开。

在婺源，干羊角一直是婺源人喜爱的餐桌主菜，即使到了如今生活资料非常丰富的今天，婺源人还经常将干羊角炖起来吃。只是如今，干羊角不再作为弥补食品不足的配角，而是被当作一个正儿八经的大菜来做。炖的花样也翻新了，既有传统的干羊角炖排骨，还有干羊角炖猪肉、干羊角炖猪皮、干羊角炖猪蹄等。

按照传统中医理论，羊角性甘、淡、微温，归脾、胃经；化湿而不燥烈，健脾而不滞腻，为脾虚湿停常用之品；有调和脏腑、安养精神、益气健脾、消暑化湿和利水消肿的功效。主治脾虚兼湿、食少便溏，湿浊下注、妇女带下过多等症状，还可用于暑湿伤中、吐泻转筋等症。另外，干羊角炖猪肉，据说还有催乳的作用。

在婺源，干羊角炖猪肉、干苋菜炖猪肉、清蒸咸肉干鱼这三个菜，一直是承担为产妇催乳任务的生力军，而且事半功倍，屡试不爽。

20. 虫菜窖猪肉

为什么叫“虫菜”,看来有必要先对读者做一个交代。

在婺源,“虫菜”是俚语,是对将“芥菜”加工制作成成品后的一种特定称谓。在书面语言中,“虫菜”的表述也没有统一的规范,既有写“枞菜”的,也有写“虫菜”、“从菜”的等。笔者取“虫菜”之名,主要以该菜形如蚂蚁貌似小虫而谐音定之。

前文说过,作为生活在古徽州“一府六院”中田少地多、山高水冷的婺源人,自古就有精打细算、勤俭持家的好习惯。无论是吃的还是用的,“物尽其用”是历代不尚奢靡的婺源人坚持不懈的生活准则。比如一件衣服,婺源过去就有“新三年,旧三年,缝缝补补再三年”的民谣。对一件衣服尚且如此,对赖以果腹与生存的食物更是倍加珍惜。假如有人不慎打碎饭碗,将白花花的大米饭撒了一地,立即就会招来或父母或兄嫂或公婆“哎哟,要雷鸣打啊,怎么可以这样”的责怪(雷鸣打,婺源土话,是天打雷劈的意思)。轻者埋怨、责骂几句,重的甚至会招来鞭子上身,巴掌上面(面,即脸。鞭子上身,巴掌上面这两句话都是婺源土语,意思主要是“被父母及长辈人打”)。

虫菜窖猪肉,是婺源人在长期生产生活过程中,运用自己的聪明智慧创造出来的又一道家庭菜肴。那个时候的人们,生活条件不像现代人这么优越,有冰箱、冷库、冷藏室、保鲜柜等现代保鲜、储存工具。买来的猪肉一旦吃不了,除了腌制、风干储存以外,就没有其他更好的办法处置了。然而,一旦用虫菜将猪肉窖起来,立即就会产生“立竿见影”的效果。虫菜窖猪肉这道菜的主要优点是:随吃随取,便于存放,经久不坏,油而不腻,口感松软,营养丰富。在过去那种以家庭为生产生活单位、农业和家庭手工业相结合、生产主要是为了满足自家基本生

正在晾晒的虫菜

活需要的小农经济时代，婺源家家户户基本上都备有这样一道菜，以备不时之需。

在开始烹制“虫菜窖猪肉”这道菜之前，首先必须学会制作“虫菜”。根据我那已经年逾古稀的老母亲介绍，传统的“虫菜”制作方法是：第一步，将菜园中已经起杆的芥菜齐土皮砍下，剥掉黄、腐、破损的那部分叶子，然后逐片逐片打开菜叶，一一洗净。第二步，将洗净的芥菜整株整株地挂在竹杈、竹笐上，沥水晒至五六成干(用手捏，感觉菜皮菜叶皆已皱巴巴的程度为好)。第三步，是将半干芥菜叶，一片一片地从菜秆上劈下，然后一把一把地切成杂碎，再焐到尚有余温的大锅中。第四步，便是将头天晚上焐在锅中的芥菜，撒落到已经擦拭得非常干净的谷簟、篾盘中，在太阳底下暴晒一天。然后将已经晒过的芥菜重新收集起来，再到锅中用饭甑蒸(注意，这时候的饭甑里面千万不可以放饭，更不放油盐酱醋的任何作料，蒸菜所需时间以锅中出大气为好，无论是否蒸熟)。第五步，将已经蒸过的芥菜，重新又均匀地撒到干净的谷簟、篾盘中(千万不可以直接放到水泥地上去晾晒)，一直到晒干为止(以菜梗菜叶用手轻轻一捏即成粉末为好)。然后用密封不漏气的口袋装好，放入避光容器中。这时候的芥菜，经过先蒸后晒等工艺处理后，已经变成颜色黝黑、大小如蚁的形状。不知道什么原因，一直以来，婺源人祖祖辈辈都将用这种工艺制成的干菜称为“虫菜”。

有了虫菜，就有了制作虫菜窖猪肉的基础。一旦哪天因生产劳动过于劳累，想要吃点肉加强营养而又苦于受烹饪时间、储存条件等限制的时候，聪慧、善良的徽州女人，就会想到来烹制“虫菜窖猪肉”这道徽州婺源传统的地方菜肴，以达到既能改善伙食，又可以不受时间、储存条件制约的目的。

传统的虫菜窖猪肉是这样烹制的：取新鲜猪肉3—5斤，去毛、洗净、沥干，然后将猪肉连皮带肉切成三寸长两寸宽一寸厚的片，骨头也不要剔去，也连骨带肉地斫成便于筷子夹的小块。烧热铁锅，将所有猪肉放入铁锅，加料酒(也可以根据口味决定是否放酱油增色)，不断翻炒，一直炒到猪肉油光发亮，水分蒸发殆尽。这时，将已经晒干收藏的虫菜拿来，按照一斤猪肉两把虫菜的比例加入虫菜(以手自然抓为准，不要刻意紧抓松抓)，添加适量精盐(以略咸为好)，继续翻炒。翻炒期间，看到所有虫菜均已吸足了油分，肉也有三四分熟以后，才可以关火、装盆。

将虫菜和猪肉充分拌匀(基本上是肉埋在虫菜中)，盛入较大容器内，上蒸锅隔水焋，以继续虫菜窖猪肉的烹制。为确保质量，避免过多的水蒸气掉入容器，影响虫菜窖猪肉的色、香、味、型，焋的时候可以考虑用不密封的盖子，将容器盖住。等到大火将蒸锅烧得热气腾腾了，改用文火继续。从此时算起，大约要蒸90分钟，才能熄火(如果是第一次烹制虫菜窖猪肉，无法把握生熟程度的，可以用筷子试，无论精肉肥肉，轻轻一插便可

虫菜猪肉

穿透的，证明已经熟了）。

在等待虫菜窖猪肉燹熟的这一个多小时里，整个厨房里会香气四溢，到处弥漫着勾人食欲的氤氲，让人禁不住吞口水。等到揭开锅盖，芳香扑鼻的香气，瞬间会将你团团围住，直灌肺腑。那种势不可当的诱惑，让人不由自主地涌出一种恨不得一尝为快的冲动。夹一块连肥带瘦、外加肉皮的猪肉，再尝一大筷子虫菜，细嚼慢咽，这个时候的你就有了一种如醉如痴的享受，有了一种欲罢不能的缠绵。如果你是一个远在他乡的游子，也许也会像西晋时期《思吴江歌》的作者张翰一样，情不自禁地发出"人生贵得适意尔，何能恋宦数千里，以要名爵"这样的感慨，潇洒地挂冠而去，日行千里地回到久别的家乡，过起"扁舟一叶泛平湖，郎采莼丝妾钓鲈"的悠闲生活来。

燹熟以后的虫菜窖猪肉，单独放在一边。需要吃的时候，另外用小碗分装，然后在蒸饭的时候，随饭一起燹热即可食用。无论冬夏，虫菜窖猪肉存放的时间都比较长，不用担心变质变味，一时吃不了，可以隔四五天复燹一次（这时燹的时间就比较短了，燹热就行），照样味道鲜美，芳香宜人。另外，按照婺源习俗，和猪肉一起燹熟后的虫菜也可以分开单吃。在常温下，虫菜既可以冷吃，也可热吃。用虫菜拌饭，既是一种"别出心裁"的饮食享受，也是年长婺源人一种"忆苦思甜"或回味儿时农村生活的不错选择。

婺源的虫菜，不同于江浙等地的霉干菜，更不是那种用青菜、白菜做原料、粗制滥造出来的所谓"黑菜"。婺源的虫菜，选料单一纯正，做法严谨讲究，程序繁杂合理，且不需要加盐腌制，特别有利于身体健康。婺源沱口村87岁的老中医郎革成先生曾自豪地向笔者说：婺源的虫菜窖猪肉，搭配合理，营养全面，风味独特，无论男女老少，体质强弱，抱恙如何，皆可以放心食用。

21. 酒糟鱼

婺源酒糟鱼，是一种流传婺源民间很久的传统食品，这种用常年生长在清水河中的鲤鱼为主要原料，佐以酒糟、辣椒、桎籽油烹制，集香、辣、酥、甜于一身的地方风味小吃，备受当地人的喜爱。随着"中国最美的乡村"名号的越来越响，来婺源观光旅游的游客们，不但被婺源如瑶池仙境般的美景所陶醉，同时也对这种难得一尝的地方名吃趋之若鹜。

得天独厚的地理环境，使过去相对偏僻闭塞的婺源，至今保留着"古树高低屋，斜阳远近山，林梢烟似带，村外水如环"的自然风光。漫步于依山而建、畔水而居的大小乡村，一幅幅恬谧、安详、和美、近似天人合一的水墨山水画，犹如美丽的电影、电视镜头，令人赏心悦目，应接不暇。在异彩纷呈且无法复制的这些山水画中，我们不难发现，婺源众多的美丽山村，无一例外或沿河而建，或夹岸而居。村庄和外界联系的通道，除了竹筏、木船之外，更多的是造型多样、规模不一、形态活泼的板凳桥、石拱桥和少量的钢筋

小河

水泥桥。

自古以来,深谙和笃信堪舆学的婺源人,一直抱着“树养人丁水养财”的传统观念造屋、建村。村口的树,河里的鱼,是绝对不可以砍伐和随意捕捞的。在婺源,几乎每一个村庄,都要将流经村边(或村中)的这段河流辟为“养生河”,并且勒石刻碑加禁。无论哪一个村民违反了禁示,轻者开祠堂杖责,重者将犯禁者家中养的猪杀掉,全村分食。这种经全体村民一致通过的“杀猪封山”或“杀猪禁河”方式,是婺源山水至今仍然能够保存完好的重要因素。

俗话说:“山中自有千年树,世上难访百岁人。”人活到一百岁已经很难,水中的鱼,又能存活几年呢?再说,养生河里既不设拦网,也不设大坝,鱼儿可以随意停留或游走。养得又肥又大的鱼,如果白白地死在河里,岂不可惜?于是,为了有效解决养鱼和养人之间的矛盾,在婺源乡村,自古又有这么一种惯例:每年冬天,村里人集中在一起,将养生河里的鱼捕捞一次,取大放小。一则改善村民的伙食,二则也避免河里的鱼密度太大,造成缺氧泛塘的现象。

清水河里的有机鱼,不但味道非常鲜美,而且营养也非常丰富。有的人家,因为外出的人多,在家的人少,而鱼又是按人头分配的,一时吃不了,怎么办?有的人,就按照老办法,将鱼肉腌制起来或用辣椒、酒糟等作料煲起来。在婺源的赋春、冲田一带,村民们除用腌制的办法来处置一时吃不完的鱼外,更多的是采取了一种酒糟糟鱼的办法,借以改变一成不变的饮食习惯。

过去婺源出产的酒糟鱼,就是选用养生河中的“锦鲤”为主要原料,并配以糯米酒、植物油、辣椒、精盐、香料烹制而成。在林林总总的婺源酒糟鱼中,以赋春村民制作的酒糟鱼味道最佳,被食客们广泛而形象地称为“辣鱼”。如今,经过几百年的演绎和“进化”的酒糟鱼,已经成为婺源旅游商品市场上最受欢迎的特色食品之一。比如,目前在市场上拥有较大购买力的酒糟鱼就有“老妪”等多种品牌。婺源酒糟鱼,以“香辣味美,风味独特”的鲜明特色,轻而易举地俘虏了所有来婺源旅游、观光和探亲等客人的胃。

酒糟鱼的制作方法非常复杂,也比较讲究。首先,制作糯米酒就不

酒糟鱼

是一件简单的事情。制作糯米酒，先把糯米淘洗干净并放在水里浸泡24小时以上，然后，把泡好的米沥干，放在蒸锅里炊熟。糯米炊熟后，将糯米饭倒在干净敞口的容器中，晾凉。等糯米饭晾到手摸上去微热，和体温差不多的时候，加入适量的酒曲和凉开水，并将糯米饭按紧压实，室温发酵。

在经过36—48小时后，放在室温中的糯米就可以看到有酒液生成了。这时候的你，千万不要着急，要让它继续发酵，一直到所有的糯米饭都轻飘在表面，酒香扑鼻为止。酒成之后，将浮在米酒表层的米饭捞起，是为酒糟，可以做菜。而留下的液体，则是米酒，可供人饮。

米酒做好了，酒糟也就有了。接下来就是加工鲤鱼了。先将鲜活的鲤鱼剖腹挖鳃，刮鳞去肠，洗净沥干。然后将已经沥干水分的鲤鱼，切成两寸见方的块，放到篾盘或烘焙（音bèi，婺源一种传统的烘制工具，用竹篾编制而成）上，晒或烘至七八分干。等这些主要原料备齐了之后，取鱼块若干，加入适量的酒糟、碎干辣椒、植物油、精盐和香料等作料，搅拌均匀，然后装入容器，放入蒸锅隔水炆熟，即可食用。

炆熟后的酒糟鱼，色泽金黄，香而不腥，肉味鲜美，开胃爽口，久食不腻，冷食热食均可。这样的酒糟鱼，既可以配以佳酿，小酌怡神，也可以大快朵颐，下饭三碗。

传统新安医学认为，糯米酒甘甜芳醇，能刺激消化腺的分泌，增进食欲，有助消化。用糯米酒炖制肉类能使肉质更加细嫩，易于消化。而且，鲤鱼性甘、平，入脾、肺、肝三经。有利水、消肿、下气、通乳的功用。主治水肿胀满、脚气、黄疸、咳嗽气逆和乳汁不通等症。现代医学也分析认为：米酒含有十多种氨基酸，其中有8种是人体不能合成而又必需的。每升米酒中赖氨酸的含量比葡萄酒和啤酒要高出数倍，为世界上其他营养酒类中所罕见的,因此人们称其为“液体蛋糕”。

因此,这种用酒糟、鲤鱼作为主要原料加工而成的菜肴,不但是一种男女皆宜、老少俱喜的美味,而且还是一种营养丰富的补品。徽州婺源,因为山高水冷,土地贫瘠,生活在这里的人们,自古以来就非常讲究物质的充分利用,不敢有丝毫的浪费,更不敢暴殄天物。在长期的生产生活中,勤劳智慧的婺源人,不但能省吃俭用,而且还能一物多用,甚至变废为宝。比如这种集食补、药补于一体的婺源酒糟鱼,就是一种不可多得的人间美味。谁,又能不由衷赞叹这一方山水的钟灵毓秀、人杰地灵呢?

22. 酒糟猪耳朵

既然发明了"酒糟类",那么自然就也可以创造出其他的酒糟类菜肴。为了充分利用"酒糟"独特的营养成分,继承和享受"糟菜"这种"一劳永逸"式烹饪方法带来的自在和悠闲,勤劳、简朴、聪慧的婺源人,往往能打破时间和物质的限制,匠心独运、因地制宜地烹制出许多令人爱不释口的"酒糟"菜来。目前,普遍流行于婺源市面上的精美酒糟菜,除了"酒糟鱼"以外,还有"酒糟腊肉"、"酒糟卯兔"、"酒糟猪耳朵"、"酒糟猪肉皮"、"酒糟角麂"、"酒糟鸡"等许许多多让人垂涎欲滴的美味。

自古以来,长期忍受田间物质生产严重不足的婺源人,由于代代相传,早已养成了一种"常将有日思无日,莫待无时思有时"的生活习惯。春播夏种,秋收冬藏,只要田地里出产的物质一时大于平日里糊口活命所需要的份额时,无论是瓜果蔬菜还是稻谷玉米,都会被惜物如金的婺源人,想方设法、小心翼翼地收藏起来,绝不会让这些来之不易的劳动果实浪费在田间地头。在过去的婺源,许多人家的堂前都挂有这样一副对联:"惜食惜衣,非为惜财缘惜福;求名求利,但须求己莫求人。"在婺源人看来,能存活于人世间,本来就是一种可遇而不可求的福气。对皇天后土赐给人们的各种丰硕果实,无论如何是不可以暴殄天物的。因此,在婺源,如果哪一家出现了"有时平锅顿,没时饿肚困"(婺源俗语,意思就是在物质丰富时不知道合理利用,肆意挥霍,到了物质匮乏之时,因为家中没有储存的食物而只能饿着肚子睡觉了)的现象,只会受到别人的笑话和鄙夷,而绝不会受到同情和怜悯的。

婺源人,对一时吃不了的食物,是有一套行之有效的处置方法的。他们将暂时多余的食物,采取或晒干,或腌制,或酒糟,或窖藏的办法,确保在青黄不接的时候,让这些上天赐予的物质派上用场,继续发挥它们本来应该发挥的作用。

“酒糟猪耳朵”,是婺源众多酒糟菜中极难见到的一种。在过去,制作这种菜肴的时间主要是在春节前后。众所周知,崇尚程朱理学的婺源,和徽州其他五县一样,一直以来都保持有“杀年猪”的习俗。过年杀年猪,对整个徽州人家来说,都是一件大事,都是一件了不起的大事。因为物质匮乏,即使是家道十分殷实的人家,一年也只有在将要“过年”的时候才有可能杀猪,平时基本上是想都不敢想的。也因为只有杀猪了,家里的食物才会丰盛,过年才会觉得喜庆、踏实。但一头猪杀下来,除了肉以外,还有许多下水、头脚等需要进一步处置,不然,时间一长,这些平日里难得一尝的食物就会变质。新鲜完好的食物因为人的因素而变质,在婺源人的眼里,可是一件要“遭天谴”、“遭报应”的严重事情。

制作酒糟猪耳朵的过程,主要体现在对猪头的处置上。杀了年猪后,要将猪头用食盐细细地搓一遍,在确保无一处遗落后,才能将搓遍食盐的猪头和其他腌制的猪肉放到一起,压实。过了大约一个多礼拜或半个月后,再将猪头提出来,挂在锅灶头上让炊烟熏,在连续熏上七八天整个猪头变成锗褐色或暗红色的时候,又将猪头从锅灶头取下来,用清水细细洗净,去毛去屎(耳朵屎),然后将整个猪头用大脸盆装起来,放到大锅里隔水烎熟。烎熟后的整个猪头,油光发亮,黑里透红,香气四溢,令人有一种欲罢不能、迈不动脚步的冲动。

等烎熟了的猪头稍稍降温后,下面进行的就是开始剔骨拆肉这道程序了。依照猪头肉的长势,顺势将整个猪头的肉和骨头分开,然后将猪耳朵从猪头上切下来。待将猪耳朵全部切成二三分宽的细丝,并将辣椒壳(婺源人晒制的一种干辣椒)放入水中发开后,制作酒糟猪耳朵的工序才算真正开始。

干辣椒炒猪耳朵

辣椒壳

取青花瓷缸或大砂钵一只，将已经洗净发好的辣椒壳放入，然后将切好的猪耳朵全部放在辣椒壳上，再取适量的酒糟覆盖在猪耳朵上，并加入适量的姜末、蒜泥、精油和食盐。等蒸锅里的水开始煮沸时，将盛满酒糟、辣椒壳和猪耳朵的容器放入蒸锅，武火烎上15分钟左右。15分钟后，揭开锅盖，用筷子将容器内的猪耳朵、辣椒壳和酒糟轻轻搅拌一下，使三者之间的密度更加均匀和合理。然后关掉火源，让它随着锅内温度再焖上一段时间，等要吃的时候取出便可。经过如此繁复、讲究的各种程序后，“酒糟猪耳朵”这道美味才算大功告成了。

烹制好的“酒糟猪耳朵”，芳香甜蜜，清脆爽口，柔韧鲜香，久食不腻，无论冷尝还是熟食，都非常可口。现代医学认为，猪耳朵富含蛋白质、脂肪、碳水化合物、维生素及钙、磷、铁等，具有补虚损、健脾胃等功效，再加上酒糟能刺激消化腺的分泌，增进食欲，有助消化的独到功能。“酒糟猪耳朵”，不但是一道老少皆宜的菜肴，还是一道具有食疗作用的滋补美味，特别适用那些气血虚损、身体瘦弱的人食用。

我是吃“酒糟猪耳朵”这种美味菜肴长大的。自从记事开始，一直到如今即将步入迟暮之年，一年一度的“酒糟猪耳朵”，是我难以割舍的挚爱情怀。我的好友、僻居德婺边界的曹村张君常德，自从得知我这个自小养成的个人嗜好后，每年入冬之后，总要送来一枚已经熏制蒸熟的猪头，让我那虽已年迈但仍手脚麻利的母亲“精雕细琢”，最后让早已蜗居城市一隅的我一解口馋。吃着慈母精心烹制出来的“酒糟猪耳朵”，就着一杯淡雅香醇的查记米酒，一斟一饮一嚼一咽之间，我俨然已是这个世界上最幸福的人。

23. 辣椒壳焚山鼠

婺源多山，也多山鼠，更多人和山鼠斗智斗勇的传奇故事。

山鼠和躲藏在人们家里的老鼠不同。虽然同属鼠类，都属“蛇鼠一窝”的动物，但山鼠比老鼠更肥壮，更庞大。为了活命，山鼠每日必须四处活动，寻找可以充饥的食物，又因为担心被蛇、鹰等天敌吞食，山鼠们总是小心翼翼，战战惊惊，一有风吹草动，立即魂飞魄丧地四处分散，逃回洞穴。而躲藏在居民家的老鼠则不一样，不但整日在人类建筑起来的高楼大厦里安然入睡，免受风吹雨打的痛苦，而且还享受着衣食无忧的至高待遇。虽然偶尔也有“黑猫警长”的威胁，但自古以来，猫始终不能成为抑制鼠类繁殖发展的终极力量。甚至到了今天，风水轮流转，人世间居然有“猫斗不过老鼠”的现象，让曾经不可一世的猫大跌面子。不过，蜗居华厦的老鼠过于贪婪，饱食之余，还老在三更半夜之时出来四处乱啃，咬坏门窗橱柜不算，有的还甚至咬伤了小孩的手指脚趾。真的是应了那句“暖饱思淫欲”的古训。因为好逸恶劳，作恶多端，所以无论到哪里，老鼠总是成为人类口诛笔伐的对象，赶尽杀绝的目标。因此，“老鼠过街，人人喊打”，自然而然也就天经地义地成为人类和鼠类之间一道不可逾越的原则了。

毫无疑问，人们对老鼠是深恶痛绝的。但是细心的游客到婺源旅游也会发现，在婺源那些古色古香的徽派建筑中，有许多形态逼真、造型各异的老鼠图案，被人们虔诚地雕刻在房梁上供大家欣赏。这种现象，不仅仅局限于婺源，在安徽祁门、休宁、绩溪、黟县和歙县这些过去共同组成大徽州的地方，也都普遍存在。这又是怎么回事呢？

原来，在号称“文公阙里”、“理学渊源”的古徽州“一府六县”，“多子多孙”的儒家思想一直被当地人奉为家族兴旺发达的圭臬。瓜瓞绵延,既是对祖宗、家族的最好回报,也是作为一个氏族子孙的人生不懈追求之一。因此,繁殖能力特别强的老鼠终于也就扬眉吐气一回,被这里的人们虔诚地请上了房梁,成为婺源人们企盼儿孙繁盛的美好图腾。

崇拜归崇拜,对在村中或家里肆无忌惮无恶不作的老鼠,婺源人还是毫不留情的。他们想出一切办法四处捕杀老鼠,然后或烈火焚之,或深坑埋之,妥善处理,绝不会给人、畜留下隐患。对森林里的山鼠,婺源人则完全没有对家里的老鼠那么厌恶。对那些身体硕大、四肢强壮的山鼠,婺源人自古以来就喜欢想方设法捕来食之。久而久之,山鼠肉竟然成了婺源人家里逢年过节餐桌上不可缺失的一道佳肴。究其原因,不出乎两种:一则是因为山鼠多食山中植物,与人食无异;二则也是因为过去物质匮乏,人们找不到更多的肉制品来享用。加上在长期的生产劳作过程中,婺源人确实也掌握了一套很精湛的山鼠肉烹制方法。而且,自从婺源人开始食用山鼠之后,历史上从来没有发生过一起因食用鼠肉中毒身亡的案例。因此,在婺源,如何烹制山鼠肉,不仅是评判家庭主妇能否“出得了厅堂、入得了厨房”,也是衡量婺源厨师手艺的一种特殊标准。

山村风光

据说,婺源人最早吃山鼠肉,肇始于整日在森林里沐风栉雨的“香菇客”。婺源多森林,加上婺源的气候也特别适合“放香菇”(婺源土话,即种香菇)。因此,在婺源许多山头坞里,到处有利用残枝死树来放香菇的“香菇棚”。香菇富有营养,不但人喜欢吃,山鼠也喜欢吃。每当香菇从树上长出来以后,山鼠自然也就成了吞噬香菇的主要对手。如何有效防治山鼠，不让它糟蹋香菇客的劳动果实？香菇客想了很多办法来对付。其中最环保最有效的方法，就是利用“装弓”技术，来对付那些昼伏夜出的狡猾的山鼠。

一般来说，山鼠出动(包括野兽)也是有路可循的。“装弓”，就是在山鼠经常进出香菇棚的路上挖陷阱，并装上捕捉山鼠的器械。老鼠一旦掉入陷阱，被这种器械夹住，就插翅难飞了。这种办法对付偷吃香菇的山鼠很有效。一个晚上下来，少时五六只，多时竟然可以捕捉到十几只。

山鼠捕到后，香菇客将那些肥壮硕大的山鼠剥去皮毛，开膛破肚，并剁了山鼠的头和尾巴，搓上盐巴。然后用竹签把山鼠肚皮撑开，放到烘香菇的烘焙上去烘烤。等山鼠肉被烘得七八分干时，又将它挂到炉灶头，日复一日地让炊烟熏，一直熏到乌黑发亮，开始滴油为止。

等香菇棚有客人光临的时候，香菇客除了用香菇、白菜招待客人外，也都会毫不吝啬地用“辣椒壳烎山鼠”来招待客人。

辣椒烎山鼠的具体做法，就是先取已经被烟熏得油光发亮的山鼠2—3只，放到清水里将鼠肉身上的烟尘用力洗净，并将山鼠剁成一寸长短的块状。再取婺源本地辣椒壳适量，用水洗净、发开，然后沥干生水。将山鼠肉、辣椒壳放在一起，相互搅和一下，加入适量的生姜、大蒜、料酒、柽籽油和咸猪油，放入蒸锅，隔水大火烎上20分钟，即可食用。当然，如果这个时候身边有甜水酒的话，舀几勺带酒糟的甜水酒放进去一起蒸，那味道就更加不得了了。

烎熟以后的山鼠肉，香劲十足，数十米远都能闻到它那种诱人的香味。夹一块入口，细嚼慢咽，你就会发现自己越吃越想吃，直到自己肚子已经很撑了，还舍不得放下筷子。如果辣椒够辣，那吃起来就更加够味，一不小心，饭已经下去三碗，可嘴巴还嫌没有吃够。凡是吃过辣椒烎山鼠这道菜的人，至今为止还没有哪个不是竖起大拇指赞不绝口的。

在婺源，也有“吃了老鼠肉，留不得过夜食”的俗语，意思就是嘲笑那些只知道贪吃贪喝而不知道节俭过日子的人。在徽州婺源人的眼里，大凡过日子，还是以朴素、节约、实用才是上上之策。他们认为：那些醉生梦死、锦衣玉食、穷奢极侈的生活方式，都是足以让一个家庭甚至整个家族衰败、落魄的洪水猛兽。

24. 闲话猪头肉

说起猪头肉，相信很多食客都不陌生。走遍神州大地的每一个角落，除了不吃荤腥的民族和个别人外，几乎每一个地方都有独具特色的猪头肉供人食用。据说淮扬菜系中的“扒烧整猪头”，火工最为讲究、历史也很悠久，是一道久负盛名的淮扬名菜。还有在晚清时就享有盛名的“南京六合猪头肉”也很不错，这种经老卤腌制、旺火煮沸、文火焖烂等工序制成的猪头肉，据说有“闻到开胃，进口即化，一抿下肚，受用无穷”的特色。不过，在林林总总的众多猪头肉菜肴面前，细心的食客也许会注意到，无论烹饪猪头肉的方法如何变化，都不外乎白切、焖以及酱等手法。菜肴的颜色与拼配虽然千变万化，但其中的滋味却还是大同小异，没有什么特殊和神奇之处。

久受徽学熏陶并为徽学的壮大与繁荣做出杰出贡献的婺源，不但村民们的生活习俗、宗族管理、伦理信仰等与徽州之外的地方不同，就连烹制猪头肉的方式方法，也与外界迥然不同。吃惯凉拌、酱香等猪头肉的外地人，如果有机会走进世居婺源的普通人家，千万不要拒绝热情好客主人的美意，一定要入乡随俗地坐到八仙桌旁，细细品尝正宗的农家风味。也许在这个时候，你才有机会品尝到婺源人一般不轻易拿出来招待客人，但味道却非常香味浓醇的炒猪头肉。也许只有这个时候，你才能真正领会徽州菜肴的博大精深和聪明婺源人简单、灿烂的生活传承。

蛰居在林密山深环境里的婺源人，古时候和外界的接触比较少，大都过着自给自足的生活。因此，婺源人养猪，基本上都是春天捉猪仔进栏饲养，临近春节时才会请屠户来宰杀。过春节前杀猪，又叫“杀年猪”，是婺源人过春节的一个重要前奏。一年到头，猪栏里所产的猪肉，除了送人外，基本上都是通过腌制腊肉、风干肉的技术处理后留在家里，以应日常之需。在过去，婺源人过日子，一年之中的大部分几乎从不去肉铺。有的富裕人家，甚至从年头到年尾，吃的肉全是自家所产的猪肉。在婺源，有“一块腊肉下一餐饭”的说法，说的其实是婺源人含辛茹苦的艰难。

由于每年只有一次杀年猪的机会，因此，要吃猪头肉，也就必须等到杀年猪之后了。在婺源，猪头肉一般是要在所有新鲜猪肉(除了腌制腊肉或风干肉)全部吃完以后才吃的，而且猪头肉从来不轻易拿出来招待客人的。因为在婺源，“猪头”一词带有贬义，不能随便用来形容人。只有关系特别好的人理发了，才能开“今天有菜了(意思就是说今天有猪头肉吃了)”的玩笑。不然，被开玩笑的人会很生气，个别肚量不大的人甚至会和你“翻脸”并干上一场。因此，敦厚、善良的婺源人，素来不用猪头肉来招待客人，都只是在没有外人的前提下，一家人悄悄地食用。

婺源人吃猪头肉，一般都是用“炒”，极个别的也用粉蒸。用干辣椒、新鲜大蒜炒出来的猪头肉，不但营养丰富，味道香酥滑爽，令人胃口大开，而且烹饪方法也简单快捷，容易掌握。在婺源，几乎每一个家庭主妇，都会轻车熟路地烹制这道与众不同的“炒猪头肉”，而且炒出来的猪头肉味道基本上都会非常不错。

婺源人家

其实，“炒猪头肉”的味道好不好，和下锅炒时候的烹制手法关系不是很大，更重要的是在猪头肉的初加工过程。猪头肉初加工的技术行不行，往往已经在很大程度上左右了猪头肉的口味。

辣椒炒猪头肉

猪头肉的初加工，是一个比较琐碎和麻烦的过程。首先，要动用烧得通红的火叉、火钳，将猪头全身熨烫一次，并用锋利的尖刀将猪头上所有残留的猪毛全部刮尽。其次，要仔细割除耳圈、眼角、淋巴结块、耳朵屎等杂物，并挖出猪脑，另作他用。再次，将风吹了几天的猪头，用食盐里里外外细细地搓一遍（这搓盐的手法很重要，盐多了，会太咸，坏了猪头的本味；盐少了，猪头又会变质变味，影响食用。这道工序，农村里一般都让经验丰富的年老主妇们操作，年轻媳妇都只能在边上看着学），在确保无一处遗落后，和其他已经腌制的猪肉放到一起，上面用石头压紧压实。最后，将充分吸收腌渍后的猪头从盐缸里提出来，用粗而牢的绳索穿过猪鼻孔，并用牢固的篾片将已经剖开两半的猪头左右撑开，然后挂在锅灶头上让炊烟不停地熏，一直等到整个猪头被熏成锗褐色或黑红色的时候，才将猪头从锅灶头取下来，重新用清水细细洗净。然后将整枚猪头用大搪瓷盆或不锈钢盆装起来，放到大锅里隔水焋熟。

猪头焋熟后，接下来便是拆除猪脑上的骨头。在婺源，这道工序叫“拆骨”。拆骨，要在猪头焋熟起锅后尚有余温的时候进行。温度太高，手烫人吃不消；温度太低，皮肉和骨头的黏性太大，不好分离。顺着猪骨头的长势，将整个猪头的肉和骨头分开后，还要将那些刚刚拆下来的大块的肉切成两寸长一寸宽的薄片。然后将这些薄片和那些已经未经加工就已散碎的碎肉，一块块平整地码在瓦罐或者较大的容器里，并用力按紧压实。最后，选一个直径和容器大小相当的盘子，覆盖在这些猪头肉上面，并在盘子上面加压石块，以免猪头肉因走气、见光、落尘而变质。

用上述方法储藏的猪头肉，一般可以连续保存至清明、谷雨，甚至更长时间。等需要吃猪头肉的时候，可以随时揭开盘子，按顺序从上到下取出，并用清水稍稍冲洗一下备用。然后，烧热铁锅，先加入少许植物油，等油烧热后，再放入已经发开的辣椒壳、新鲜大蒜（连梗带叶的那种）和猪头肉一起翻炒（注意翻炒时间不要太长，以免猪头肉被炒得太烂，因为猪头肉本来就是熟的），等大蒜和辣椒壳炒熟后即可装盘食用。用这种方法烹制出来的猪头肉，色、香、味、形俱全，而且肥而不腻、辛辣中和、营养丰富。

和"狗肉上不了桌席"的狗肉一样，猪头肉在过去确实是一道不足挂齿的农家小菜，并没有引起太多人的关注。如今，也许是人们吃腻了"满汉全席"与"饕餮大餐"后，越来越多的人开始关注并喜欢起这道正宗地道的农家小吃。有人说，是因为这道菜的味道确实不错，过去没有被发现；也有的人说，现代人对饮食的追求过于泛滥，几乎到了无以复加的地步。因为吃腻了山珍海味，所以又回过头来钟情于我们老祖宗的发明。对这两种说法，我更愿意相信前者。

25. 黄蛛桌上珍

黄蛛(jì,读去声),是一种外表丑陋且不会鸣叫的动物,向来不受喜欢美丽外表的人们的喜欢。殊不知,正是这种不声不响、不尚奢华的不起眼动物,却对农作物的丰收起着很大的作用。科学家们发现,黄蛛在消灭农作物害虫方面的功劳要大过漂亮且喜欢呱呱齐鸣的青蛙许多。它一夜吃掉的害虫数量是青蛙的几倍甚至十几倍。

黄蛛在入药方面所显示出来的强大作用也同样令人匪夷所思。据传统中医研究发现,黄蛛全身都是宝,黄蛛酥、干黄蛛、黄蛛衣、黄蛛头、黄蛛舌、黄蛛肝、黄蛛胆等均为名贵药材。比如"黄蛛衣",这种黄蛛蜕下的角质衣膜,早在唐代就被伟大的医学专家孙思邈发现并称赞:"蟾蜕(衣)除恶肿,神也。"无独有偶,明朝的李时珍也在《本草纲目》中称:"蟾衣乃其蓄足五脏六腑之精气,吸纳天地阴阳之华宝,如若获之一,一切恶疾,未有不愈。"传统中医普遍认为黄蛛衣具有解毒消肿、止痛、辟秽浊之功效,广泛用于疮痈肿毒、咽喉肿痛等的治疗。而现代医学研究也认为:黄蛛衣,含有大量的黄蛛二烯醇化合物,包括黄蛛毒配质及黄蛛毒素,具有强心、升压、抗炎作用,黄蛛毒配质还有较强的麻醉作用。据说,上海的科研人员最近发现,黄蛛衣还有抗肿瘤、抗病毒等多种神奇功能,可用于治疗多种恶性肿瘤、肝炎、带状疱疹、肝腹水、肾病、乳腺增生、子宫肌瘤等疑难杂症。

活着的时候帮农民捉虫,促进农作物的丰收;死了还贡献自己的皮肉内脏,以协助医生治病,黄蛛对我们人类确实是慷慨大方,仁至义尽。非但如此,在古属徽州管辖的婺源县,在那些常年生活在大山深处的山民眼中,黄蛛还是一道备具营养价值的难得美食。

忘记了是在小学还是初中的时候,我曾经学到过"黄蛛有毒,不可食用”的科普文章。黄鶫有毒,这是众所周知的。可在地广人稀、物种丰富、风光旖旎的中国最美乡村——婺源,人们却视黄鶫为美馔珍馐。长期以来,非但没有因食用黄鶫而造成的中毒现象,村民们反而因长期食用这种长相令人作呕的动物,一个个变得健壮如牛,童颜鹤发。

婺源多山,山中又多绿树、清泉,漫步其间,巉岩遍布,清流淙淙,到处都是黄鶫喜欢栖息的环境。黄鶫,白天藏匿在洞穴中不活动,清晨或夜间时爬出来捕食。它捕食的对象主要是蚂蚁、蜗牛、蛞蝓、蝗虫和蟋蟀等。每年立春之后、惊蛰之前,经过冬眠的黄鶫纷纷走出山洞,又开始新的生活。而这个时候,正是一年中“乍暖还寒”之时,温度忽高忽低,天气时晴时雨,让人捉摸不定。如果有一天气温突然升高许多,且让人感到相当闷热烦躁的时候,那也就意味着山上的黄鶫们将要大量下山产卵了。黄鶫产卵一般都要到山下的田里,以便让产下的卵深埋于田里的淤泥之中,然后发育成型。而这时,经验丰富的山里人,就会准备好捕捉黄鶫的各类工具,走出家门。而黄鶫由于后肢较短,行动笨拙蹒跚,因此,人们不费吹灰之力,就能捕捉到许许多多的黄鶫(婺源古训:惊蛰以后任何人不能吃黄鶫,以防中毒。在此特敬请各位意欲仿效捕食黄鶫的读者也谨遵此训,以免造成不必要的麻烦)。

黄鶫捕到家后,要立即予以宰杀,不可以拖延时间,更不能等到它死后才去“开膛破肚”。杀黄鶫是一门技术活,既要迅速将黄鶫斩头剥皮去脏,不留痕迹,又要注意防止毒液喷到手上。在长期的生产实践

焚黄鶫离不开辣椒

中,婺源人掌握了一套宰杀黄棘的有效方法。他们先将黄棘平放到砧板上,用刀将黄棘的头斩下(注意,不要过于用力,斩头时不要将黄棘的头部完全切下,要做到骨断而皮不断),然后用手捏住黄棘的头,从上往下将黄棘的皮彻底剥去。剥皮时顺势也将黄棘的内脏一起去掉。最后将洗净血污的黄棘放到干净的容器中沥干。

据中国最美的村庄——婺源菊径村的何庆云先生介绍,烹调黄棘的方式,婺源自古以来就有三种:或红烧,或粉蒸,或熏干后用辣椒壳一起隔水炭。红烧黄棘,就像烧鱼烧肉一样,在热锅中放入黄棘,然后加入精盐、姜末、蒜末、鸡精等作料,烧熟即可,相当简单。相信不用介绍,也人人皆会。但红烧后的黄棘菜肴,会散发出一股影响人们食欲的泥腥味,因此这里的人们不大喜欢红烧。"粉蒸",虽然在烹调过程中程序稍微要复杂一起,但烹制出来的蟾蜍肉质鲜嫩,口感甚佳,因此也深得当地人的喜爱。在婺源菊径、黄村、莒莙山等婺西一带,这种口味相当受人们喜欢。不过,更多的人家,都喜欢将黄棘熏干后,用婺源特制的辣椒壳(将新鲜辣椒切成一圈圈后,在太阳底下暴晒至干燥的辣椒制品),配以腊肉一起隔水炭起来吃。这样烹制出来的黄棘,不但清香鲜嫩,口感浓烈,而且开胃健脾、鲜嫩爽口,令人久食不腻。

在做"辣椒壳炭蒸黄棘"这道菜之前,必须先熏制黄棘。熏制黄棘的具体方法是:将已经剥皮去脏并洗净血污的黄棘沥干水,然后用细绳系住黄棘的腿部,挂到锅灶头让炊烟熏,一直熏到肉干油滴后,再用油纸将黄棘包起来,放到避光的容器内备用。等家里来了贵客,需要烹制"辣椒壳炭蒸黄棘"时,先将辣椒壳发到清水里,然后取出适量的烟熏黄棘,用刷子在清水中细细地洗净、沥干,剁成一寸多长的段。又取腊肉少许,洗净,并切成二分见方的丁。在将这些主料全部准备好以后,将辣椒壳、黄棘段和腊肉丁稍作搅拌,装入大瓷碗中。再加入适量的姜、蒜、料酒、茴香、鸡精,以及食盐、柽籽油等,放入蒸锅中大火炭熟,即可食用。

黄棘是一种很好的天然补品,常食黄棘,有强壮补虚、利水消肿、补虚解劳、调疳积、增精髓等功效。黄棘是婺源方言,在普通话中黄棘被称为蟾蜍。婺源人将捕捉蟾蜍的行为称之为"捉棘",而吃蟾蜍则被称之为"吃棘"。

26. 野藠炒鸡子

鸡子，是古徽州人对鸡蛋的一种俗称，语中大意是指母鸡产下的“儿子”。作为身处国务院确定的“徽州文化生态保护实验区”内的婺源，虽然目前在行政上是在江西省的管辖之内，但婺源划归江西的历史很短，才60余年。婺源是在1949年5月因解放军南下才被划归到江西省来的，婺源人无论在为人处世的思想观念上，还是在衣食住行的风俗习惯上，一直珍藏和保留着与如今仍属安徽管辖的歙县、黟县、绩溪、祁门、休宁一模一样的人文特征，而与江西省的其他地区即便是毗邻的景德镇、浮梁和德兴等地的风俗习惯却大相径庭，迥然不同。

野藠，也是婺源人对“藠”这种可食植物的一种俗称。起初，婺源的“藠”都是野生的，只有到了后期，人们熟悉和了解了“藠”的生长习性和存活环境后，才开始人工栽培。经过人工悉心栽培的藠，虽然茎更粗大，藠头也更饱满，但无论人工栽培技术如何日臻完善，单单从“香气”这个角度来论，家种的“藠”无论如何也无法和野生的“藠”相媲美。因此，一直以来，在素以讲究以食养生的徽州婺源，始终保留着采食野藠的习惯。时至今日，无论是村姑老妪还是少年贵妇，大家对“采野藠”的活动仍然兴趣盎然，并乐此不疲。

野藠和鸡子，相比之下，得到野藠的机会当然更加辛苦。鸡子是母鸡产的，只要家中饲养好一两只母鸡，就不愁没有鸡子吃，而野藠则不同。首先是季节，在婺源采食野藠，一般都是在春季进行。到了夏末秋初，即便这个时候还勉强可以算是野藠的生长期，但这个时候的野藠茎部已经“菜老筋多”，煮不烂，嚼不动了，只能等收获的季节再享用藠头的美味了。其次是采集。采集野藠不等同于去菜园摘菜，菜园的菜是现成的，弯一弯腰就可以了。而采集野藠，首先要了解野藠的生活习性，哪些地方的野藠粗壮茂盛，哪些地方不长野藠，哪些地方的野藠的品质不好等。而且一蹲下去就是半天，满手满脚满衣服上都是泥巴杂草，腰酸背痛腿软，十分辛苦。

野藠耐寒性强，也耐热、耐旱，唯不耐涝。多生长在田塍磅和茶园一带。婺源，这个坐落在北纬28°—32°线范围内，被江西怀玉山脉和安徽黄山山脉所环抱的“世界最大的生态公园”，峰峦耸立，气候温和，雨量充沛，终年云雾缭绕，特别适宜栽培茶树。婺源的茶园一般都开辟在半山腰上，每天的日照时间大多在五六个小时，有的甚至三四个小时。茶园凉爽荫翳，土地肥沃干爽，这样的环境，不但适宜茶叶的种植和生长，也同样非常符合野藠的生存环境要求。因此，茶园里的野藠，一般都茎圆色绿，株数繁多，婺源人采集野藠，大都喜欢到茶园、田磅上，采集者不分男女、不拒老幼。每年春节去乡间走动，稍一留神，总会发现许许多多采野藠的男女老幼们。他(她)们或三五成群，或成双成对，提篮携笼，一边叽叽喳喳地说着俏皮话，一边眼睛像电脑扫描般扫射着地面，哪根野藠长得粗壮，哪根野藠叶绿茎圆，都逃不过他(她)们的“法眼”。采藠，一般都只采野藠露出地面的那一部分，而不会去深挖还尚未长成的埋在土里的藠头，而且都采大留小。野藠这种植物，繁殖能力特别强，就像家里种的韭菜一样，割了一茬长一次，具有非常强的生命力。

野藠

野藠采回家后，要先择除与野藠伴生在一起的野草及丝茅。在确认所有的野蒿中不含有任何其他植物以外，再将野蒿拿到清澈的溪中去漂洗，洗去泥沙与附生在野蒿茎部的污垢，然后沥干备用。

野蒿炒鸡子

一旦野蒿准备好了，做“野蒿炒鸡子”这道菜就十分容易了。鸡子是现成的，随时可取来做菜。先将野蒿全部切成0.5—1厘米见长的段，然后取2—3枚鸡子，破壳将蛋液倒在碗里。将碗里的蛋黄打碎，和蛋白一起搅拌均匀备用。

油锅烧热后，将蛋液和野蒿全都倒在一个大容器内，搅拌均匀后倒入锅中翻炒。翻炒时注意要刻意地将锅里的鸡子炒成碎屑，越小越好。然后加入适量的精盐和鸡精，待熟后即可装盘食用。

“野蒿炒鸡子”这道菜，操作简单，工序简便。除了采野蒿时辛苦一点，下锅烹制时对作料几乎没有什么讲究。不过，翻炒时候的手法很重要，要勤翻快炒，还要将鸡子刻意煸碎。对火候的要求也比较严，火太大鸡子会焦煳，影响人类健康；火太小野蒿的茎叶会变成“黄菜叶”，影响菜肴的美观和人们吃这道菜的食欲。另外，按照婺源传统习惯来论，“野蒿炒鸡子”的烹制方法又分为绝品、神品和痴品。一盘已经炒好的“野蒿炒鸡子”，如果是将野蒿和鸡子翻炒成胶状，且碎片极为细小，而且叶绿子黄的为“绝品”；野蒿和鸡子已成胶状，但鸡子碎块过大或者子焦叶黄的为“神品”；野蒿和鸡子泾渭分明，各成形状的，无论是否叶绿子黄皆为“痴品”。

“翠玉流金满屋香，推山倒柱饭盛光。采茶植稻皆当力，更养身心福寿长”。这首《野蒿》的新安竹枝词，表达了婺源人们品尝野蒿炒鸡子后的一种由衷感受。是啊，刚刚出锅的野蒿炒鸡子，色泽鲜艳，黄中带青，有翠玉流金之状，加上香气浓郁，沁人肺腑。所以甫一上桌，就会让人有抢先下箸一尝为快的冲动。

人类关于对食用野藠的记录，最早好像见于我国第一部按照词义系统和事物分类来编纂的词典《尔雅》:“薤鸿荟又云劲山，茎叶亦与家薤相类，而根长叶差，大仅若鹿葱，体性亦与家薤同。然今少用蔬，虽辛而不荤五脏。故道家常饵之。兼补虚，最宜人。”婺源土生土长的传统医学新安医学也认为:野藠性辛、苦、温。温中通阳，理气宽胸。富含多种人体需要的营养物质，有健胃、固精、止咳、活血、壮阳等功效。鸡子味甘，性平。有祛热、镇心、安神、安胎止痒、止痢等功效。用野藠炒鸡子，不但可以品尝到味真价廉的野生食品，还可以起到保健养生的功效。如此既好吃又治病之物，世间实为难得。

27. 咸鱼烎豆腐

“漉珠磨雪湿霏霏，炼作琼浆起素衣。出匣宁愁方璧碎，忧羹常见白云飞。蔬盘惯杂同羊酪，象箸难挑比髓肥。却笑北平思食乳，霜刀不切粉酥归。”这首元代诗人张劭饱含深情写出的豆腐诗，自问世以来，一直广受士子文人的喜好。洁白芳香、滑爽鲜嫩的豆腐，一直以来被人们亲切地誉为“植物肉”。自从2100多年前我国炼丹家——淮南王刘安在不经意间发明以后，饱受苦难与折磨的黄农后裔，便有福气得以分享这人世间的美味。据说，在刘安的故里，每年9月15日，都要举办一年一度的“豆腐文化节”，以纪念这位不朽的美食家对人类所做的杰出贡献。

豆腐，古称“福黎”，是我国素食菜肴的主要品种。豆腐营养丰富，含有铁、钙、磷、镁等人体必需的多种微量元素，还含有糖类、植物油和丰富的优质蛋白，长期以来历受黎民百姓的普遍欢迎。山多田少的婺源，自古有种植黄豆的习惯，加上世受节俭、朴素、养生等理念的熏陶，因此，婺源人对豆腐也是情有独钟的。不但在日常生活的膳食中有粉蒸豆腐、红烧豆腐、黄枝炖豆腐、糊豆腐、香豆腐、油煎豆腐、水煮豆腐等诸多菜肴，还在传统的地方戏曲中糅进了豆腐的元素。比如逢年过节都要隆重上演的“江湾豆腐架”，便是绽放在古老缤纷婺源农耕文化花园中、一朵在其他地方难以一见的阆苑仙葩。

传统新安医学认为，豆腐味甘性凉，入脾、胃、大肠经，具有益气和中、生津润燥、清热解毒的功效，不独是一种生熟皆可、老幼皆宜、养性摄生、益寿延年的营养佳品，而且还可用以治疗赤眼、消渴，解硫黄、烧酒毒等症状。更适于热性体质、口臭口渴、肠胃不清、热病后调养者食用。而现代医学证实，豆腐除有增加营养、帮助消化、增进食欲的功能外，对齿、骨骼的生长发育也颇为有益，在造血功能中可增加血液中铁的含量。豆腐不含胆固醇，是高血压、高血脂、高胆固醇症及动脉硬化、冠心病患者的药膳佳肴。豆腐中丰富的植物雌激素，对防治骨质疏松症有良好作用。豆腐中的甾固醇、豆甾醇，还是抑制癌细胞的有效成分。

婺源人制豆腐，讲究浸泡、磨浆、过滤、煮浆、加细、淀浆和成型，每一道豆腐的加工工序，心灵手巧的徽州妇们，都是怀着虔诚和近似膜拜的心情来完成的。而且，在淀浆的时候，还要拿一把砍柴用的镰刀放到豆浆桶上，以示驱邪。仿佛不这样，便是对这种人间美食的亵渎和轻视。

烹制豆腐，除了上面讲的那几种外，婺源人还更喜欢用咸鱼、辣椒和豆腐混合在一起，放入蒸锅中隔水�娄熟来吃。婺源多山涧，且天然水系发育旺盛，发源于境内并穿梭于崇山峡谷之间的溪河有14条之多。在这些落差大、河床稳定、水能蕴藏量丰富的大川小溪里，肉嫩味美、个大肥壮的鲤鱼、鲢鱼、草鱼、雄鱼、石斑鱼、乌鱼、鳜鱼、军鱼、白条、黄鸭头等淡水鱼随处可见。随便找个地方抛下鱼竿，时间不长，便可以钓出几尾鲜活的鱼来。

将鱼去鳞、剖腹、除脏、洗净并沥干后，用粗盐抹遍鱼儿全身，然后一条紧挨着一条地将鱼压紧、压实。然后，在相隔大约半个月或二十日后，将已经吸饱吸足盐分的鱼从盐缸里取出来，放到大太阳底下去暴晒，一直晒到咸鱼变干、变硬，这才收起来并放到干燥的容器中储存，以备日后之需。

既然家里有了咸鱼和豆腐，那么烹制咸鱼豆腐这道菜肴就显得出奇的容易了。取新鲜辣椒若干，洗净后切成半寸宽的圈状；再取咸鱼适量，稍作洗涤后切成块状；最后取白豆腐两块，切成大小适宜的正方体。将豆腐辣椒、咸鱼依次放入大瓷缸碗中，然后浇上柽籽油，加入蒜末、姜末和味精（因为有咸鱼，所以一般做这道

咸鱼豆腐

菜时就不需再加食盐),放入蒸锅,武火烎熟,便可放心食用。咸鱼烎豆腐这道菜的主要特点是工序简单,操作简便,省时省力,味道纯正。既可以拿来佐酒,更可以用来下饭。

咸鱼烎豆腐这道菜,在婺源又属于相对特殊的一道菜。说它特殊,是因为它是婺源人家摆祭酒时不可缺少的一道特殊菜肴。在婺源的红白喜事中,结婚、乔迁、寿辰、升学等喜宴上,一般都有头尾相连的全鱼。唯独到了摆祭酒的时候,餐桌上摆放的才是这道辣椒咸鱼豆腐。虽然为什么这么做,目前好像已经没有几个人能说得清楚了。但是,“有例不可灭,无例不可兴”,既然祖上传了下来这套规矩,循规蹈矩的婺源人,是不会轻易改变这种习俗的。除非确实到了无法实现这个规矩的时候。

在过去物质相对匮乏的年代,平日里一贯都以素菜为主打菜肴的徽州婺源人,只有到了贵客临门的时候,才舍得将家里储存的鱼肉拿出来烹饪。因此,在勤劳朴素、庄敬诚实的婺源人口中,一直流传着“因客破除”这句谚语。意思就是说,因为家中来了客人,所以必须拿出最好的饭菜来招待。也正因为是为了招待客人,所以才可以破除一次平日里节衣缩食的生活习惯。婺源是书乡,是理学大师朱子的桑梓。长期以来,婺源人民一直熏陶在崇文尚礼、敦族睦邻的嘉风懿德之中,无论是“有朋自远方来”还是附近十里八乡的亲戚来串门,主人们都要拿出家中最好的酒菜来款待的。不然,这家人是会被别人理解成“不知礼数”而被人看不起的。因此,以礼待人、真诚待客的风尚,一直是婺源人永恒不变的情怀。

28. 鸭板脚

春天的婺源，不是简单的田野与房屋的交织与更替，也不是庸俗的红花与绿叶的缠绵与铺陈。它是一幅神来之笔绘就的美丽图画，五彩斑斓，绚丽多姿；它是神奇大自然和书香礼义人家的完美结合，儒雅含蓄，韵美词工。

春天的婺源农村，远山翠绿，近水澄明，沐浴在清风暖阳下的一个个粉墙黛瓦式的徽派小山村，在蓝天白云的陪伴下，显得特别的妩媚和悠闲。邀上三五个知己或者好友，漫步在连空气里都含有香甜味的青石板路上，人的心就会多了一份宁静和洒脱，少了一份莫名的浮躁和茫然。

在春天婺源的山径旁、田塍上、溪水边、茶园里，只要稍微懂得一点野生植物知识的人，都不难发现地上那一簇簇、一团团长得枝壮叶肥、绿意盎然的天然野菜。这些天然野菜，有食之能清热解毒、排脓消痈、利尿通淋的臭株茶；有能够消炎、止咳、平喘、降压、消脂的苦荠；有可以疏风散热、解毒消肿、消渴镇痛的茶菩藤；还有让人闻之色变却食之甘甜、有如灵芝仙草的强盗草、鸡肠草等。这些大自然恩赐给婺源乡土的、既能点缀风景又能果腹解饥的绿色食物，一直以来都是护佑淳朴、善良、敦厚、勤劳婺源乡民成长的"苦口良药"，是生于斯长于斯婺源人餐桌上必不可少的"玉馔珍馐"。

在相对比较潮湿、阴凉的树底下、草丛边，稍一留神，你还会发现一株株通体碧绿、叶大茎直且每根茎上只长着一片呈三角形叶子的"鸭板脚"。鸭板脚个不高，每株也就35—50厘米高。但它顶上的叶子却特别肥大，身长且体阔。因为它顶上的叶子如同鸭子的脚板一样张开，所以自古以来，婺源人祖祖辈辈都以"鸭板脚"相称。至于为什么叫"鸭板脚”而不叫“鸭脚板”，由于年代久远，县志族谱村史中又没有记载，因此也就不可知晓其中缘由了。鸭板脚这种植物，春天发，夏天老，到了秋天就会变得形枯骨槁，不成样子。等寒彻砭骨的北风一到，鸭板脚就只能和地下的蚍蜉虫蛾为伍，直至骨腐肉烂，化为泥土了。

鸭板脚虽然是单株生长，但却喜欢丛生。只要找到一株鸭板脚，它的周围必定有许多株鸭板脚生长在一起。在浓荫的山磅下，在甘冽的清溪旁，在那些土地松软、腐生物众多的蓬蒿里、角落里，都有鸭板脚那形如惊鸿、俏似西子的袅袅身影。不过，在婺源，鸭板脚生长的地方大都集中在山高水冷的东北乡一带，在地势平缓的西南乡，却鲜有关于它的故事和传奇。

鸭板脚的生命是短暂的， 它每次来到人间的生命期仅仅二百多天。但是，鸭板脚却是婺源乡民们在青黄不接时期足以养身疗饥的不可缺失的美味佳肴。据婺源县天上人家——查平坦村的潘宝兴老师介绍，婺源食用鸭板脚的历史很长，在他爷爷的爷爷的爷爷那个时候，就已经知道食用鸭板脚了。据说，开始的时候，因为有人发现鸭板脚具有清凉解毒、降脂降压、去火消肿的作用，于是还只是作为一种中草药使用。后来，人们又发现鸭板脚不但能治病，而且还能作为菜肴佐以米饭，而且味道与一般的野菜不同，不但不酸不涩不苦，而且回味清香甘甜。特别是那些长年生活在城市里的现代人，没有一个吃过鸭板脚以后，不竖起大拇指“啧啧”称奇的。

素炒鸭板脚

鸭板脚，一般在惊蛰之后破土发芽，春分时节初具模样，清明之后谷雨之前的这段日子，是鸭板脚“发育成人”的黄金时期。这个时期，也是人们采食鸭板脚的最佳时期。因为一旦过了立夏，鸭板脚就会变成“蒸不烂煮不透”的丝瓜络而无法食用了。在婺源,鸭板脚可炒可蒸可糊,还可以凉拌。无论采取哪一种厨艺烹制鸭板脚,鸭板脚的味道都让人如食甘饴,余味无穷。

素炒鸭板脚,就是将从地上采来的鸭板脚在清水中洗净、沥干,然后放到砧板上切成一寸左右的段,叶子也一并切碎备用。烧热铁锅,往锅中放入适量的婺源本地产高山柽籽油,然后放入已洗净切好的鸭板脚,一番翻炒之后,再加入姜末、蒜末、精盐和鸡精,继续翻炒直至菜熟。然后装盘,即可食用。

刚刚炒熟的鸭板脚,颜色如翡翠般晶莹碧透,香味如幽兰般淡雅清新,摆在白玉盘中的那一截截短茎,形状如刚刚入睡的美人,温香软玉,玉臂枕环。夹一口酥软浓翠的鸭板脚入口,细嚼慢咽,一股清馨之气直入丹田,不仅让人觉得满口生津,心宁气朗,而且让人有一种如饮琼浆玉液后的旷达和飘逸。如果这个时候,再佐以婺源土生土长、淡雅醇香的查记米酒(如果一时找不到这种米酒,也可以适量喝一点葡萄酒或者啤酒,千万不要佐以烈酒),就真的找到了那种“除了神仙,舍我其谁”的逍遥快乐感觉了。

吃鸭板脚,必须到农村,必须到坐落在深山僻壤的婺源小山村。因为只有这些地方的人们,才会熟知鸭板脚的习性;因为只有这些吃苦耐劳的人们,才会不辞辛苦地去山磅溪沿采来鸭板脚,以补充菜厨的丰盛和调和食品的多元。在县城,在乡镇政府所在地的宾馆酒店里,已经不可能有这种乡间野味,让人评头品足或逸兴遄飞了。这,或许也是人类发展进程中一缕难以抹去和补救的悲凉。

29. 二月春笋鲜

婺源多山，山中也多绿叶扶疏、心虚节劲的芊芊翠竹，无论是行走在连接婺源乡村的青石板路上，还是漫游于四面皆山的粉墙黛瓦中，都会有枝杆挺拔、袅娜多姿的毛竹、紫竹、水竹、苦竹、油竹、金竹、孝顺竹、雷竹、凤尾竹、方竹，以及阔叶箬竹等，向你迎面走来。这些虽形态各异但都绿影婆娑、绿意盈盈的"令人不俗"植物，总会给人一种舒心、快意、挺拔、从容的至情至性的享受。于是，饱受战乱、饥饿和流连颠沛之苦的唐代诗人郑谷，便发出了"宜烟宜雨又宜风，拂水藏村复间松。移得萧骚从远寺，洗来疏净见前峰。侵阶藓拆春芽迸，绕径莎微夏荫浓。诬赖杏花多意绪，数枝穿翠好相容"的由衷感叹。

既然多山，多竹子，那自然也就多"洁白如玉、鲜嫩清香"的尖尖竹笋。如果此时的你，正置身于垂柳依依、清波漾漾、山花簇簇、燕子飞飞的人间阆苑——婺源，你就更能享受到"烟雨江南二月天"的清隽与缠绵了。无论是在澄江似练的县城，还是在山环水复的乡村，只要你随便走进一家窗明几净的饭店，殷勤的店家都会向你推荐一道爽口宜人的"韭菜春笋"或"野藠春笋"。看着眼前如翡翠白玉般堆砌而成的乡土佳肴，吮吸着空中含有淡淡清香味的清洁空气，这个时候的你，还能按捺得住自己那早已恣情肆意的心情，不去大快朵颐？

竹笋，在我国自古被当作"菜中珍品"。国人食笋的历史比较久远，早在《诗经》时代，就有关于食笋的文字记载："其蔌维何，维笋及蒲。"到了周朝，竹笋已成为人们餐桌上不可缺失的日常食品了。据查，在晋朝戴凯所著的《竹谱》一书中，就曾介绍过70多个竹子品种及不同竹笋的风味。有人说，竹笋不仅是一道美食，更是一种雅食，很符合文人雅士的心情与口味。比如唐代大诗人李商隐的《初食笋呈座中》："嫩箨香苞初出林，於陵论价重如金。皇都陆海应无数，忍剪凌云一寸金。”

虽然婺源的现代文明没有中原一带历史悠久，但在光风霁月的婺源境内，也几乎有人人食用春笋的嗜好。婺源人食笋，花样很多，烹制的方法也往往独辟蹊径，让人意想不到。既可以素炒、荤炒，也可以“煮”、可以“炖”、可以“糊”、可以“焚”，甚至还可以腌制和凉拌。婺源人对于笋的加工和利用，几乎到了“无所不能”的地步，为什么婺源人对笋会有如此偏爱呢？究其原因，主要不外乎以下两种：一是婺源山多田少，且土地贫瘠，田野上难以产出大量食物供人们食用，而深山密林里却有取之不竭的各类山珍。二是始于宋元、盛于明清的新安医学，经长期的临床实践发现，竹笋味甘、微寒、无毒。有“利九窍、通血脉、化痰涎、消食胀”等药用功效。多吃竹笋，可以起到滋阴益血、化痰消食、利便明目、延年益寿的作用。

在婺源，食用春笋主要集中在水笋、苗笋和苦笋三个品种上。苗笋因为是毛竹的幼苗，而毛竹又是在人类生活中能发挥重要的经济作物。因此，婺源对食用苗笋，一般不提倡，在古代，甚至还有“杀猪封山”、“杀猪禁笋”的乡规民约。即便到了物质丰富的今天，种竹的村民们，一般也只是象征性地“拗”几根苗笋，或自己，或送亲友尝尝鲜。肆无忌惮地采撷苗笋，轻者遭人鄙视、唾骂，重者是要被罚款甚至司法起诉的。

既然苗笋只能象征性地品尝，那大规模地食用春笋只能集中在水笋和苦笋身上了。在婺源，有“苗笋上笐(hàng)水笋出来望”的民谚，意思是说水笋破土而出的时间比苗笋要迟一些。只要是靠近水源的漫山遍野，都有长势繁茂的水竹。这些自然生长的水竹，既无须人工施肥，也不用所谓的“田间管理”，它们的生命力非常旺盛。有水竹的地方就会有水笋，随便钻进路边、

素炒苦笋

屋后、田磅底、水库沿的水竹林,也就十几分钟半个小时的样子,你就可以拔到一大把才出土的鲜嫩水笋来。而且,你根本不用担心拔了水笋就长不出水竹来,水笋是拔不完的。流传多年的“瞎眼笋瞎眼蕨,拔不净拔不绝”的婺源民谣,就是赞扬笋、蕨等野生植物旺盛生命力的有力证言。有了水笋,你还可以顺手在茶园或田塍上,采一些馨香翠绿的“野藠”带回家。剥去笋壳,剪掉“笋筒”(笋根部偏老的那一部分),洗净野藠,烧热铁锅,加入上等的梓籽油和食盐、味精、碎辣椒等作料(不喜欢吃辣的可以不放辣椒),工夫不大,一盘青白相间、香味袭人、极富营养的“野藠炒笋”就可以尽情享用了(没有野藠的可以用韭菜替代)。

相对于水笋,苦笋的烹制就要稍微复杂一些了。苦笋的出土时间,比水笋差不多又要晚半个月。在水笋即将变成水竹的前夜,那些在苦竹林下经过漫长时间“积蓄”和“修炼”的苦笋们,才开始探头探脑地钻出地面,来到这个充满阳光雨露和空气的新世界。苦竹不好热闹,喜欢生长在僻静的深山寥坞里。生长苦竹的地方一般都是远离道路和村庄的。因此,拔苦笋就不可能是拔水笋的“闲情逸致了”,拔苦笋,必须“粗衣恶食”,必须“劳筋骨、饿体肤”……

苦笋拔回家后,同样要剥笋壳、剪笋筒,并将苦笋斜切成薄薄的笋片。然后烧一锅开水,将苦笋片放到锅里稍微氽一下后。苦笋氽过水后,要立即捞起,并迅速将这些刚刚捞起来的苦笋浸泡在清水中,以便去除苦笋中与生俱来的涩味和苦味。等苦笋在清水中浸泡过一个“对周”(婺源土语,即一个周期)后,就可随时捞出来下锅翻炒并食用。炒苦笋时,先要将苦笋捞出,沥干清水,然后烧热铁锅,注入适量的梓籽油,然后倒入苦笋,并迅速加入已经切好的韭菜、生姜、精盐、料酒、味精等作料,喜欢吃辣的人家还会加一点早已准备好的辣椒壳。因为已经氽过水,所以苦笋不宜在锅里多炒,一俟韭菜、辣椒壳等炒熟,即可装盘食用。这样炒出来的苦笋,清淡鲜嫩,色彩丰富,清新爽口,甘之如饴。

按照婺源传统的饮食习惯, 食用水笋的人比食苗笋的人要多,而食苦笋的人则比食水笋的人更多。究其原因,据说是苦笋虽苦,但苦笋有“去热黄、开心智、润肌肤、强体质、抗衰老、解酒毒、除热气”等苗笋、水笋所不具备的营养成分和食疗功效。

30. 火煨辣椒

记得有一首新安竹枝词是这么唱的:“红绿姑娘貌相稀,炉灰膛里脱蝉衣。挑筋淬骨留清气,好与东家解腹饥。”这首竹枝词里说的便是辣椒不畏火烫,甘为主人盘中餐的故事。

火煨辣椒,是婺源土生土长的一味家常菜,以烹制容易、操作简单和鲜辣出味而深受婺源乡民的喜欢。

我生在农村,长在农村,对农村的一草一木、一山一水,都有特别深的感情。对孩童时代的那些事,我也特别记得深刻。记得有一年夏天,我还是七八岁的时候。有一天中午我随母亲一起从外边做事回家,正准备吃中饭时,发现早上炒的放在菜橱里的菜居然馊了。母亲是位生活极俭朴的人, 俭朴到恨不得每一分钱都要掰开变成两分钱来使用,一年到头她也舍不得为自己多添一件衣服。吃馊菜馊饭,对她来说是无足挂齿的。但节俭归节俭,善良的母亲却从来不让我们兄弟和我的父亲吃馊饭馊菜。看到早上做的菜馊了,母亲就说:“明仂,你等一下,我去煨几个辣椒给你下饭。”

那个时候的农村不比现在,没有微波炉、煤气灶、电炒锅、电磁炉等现代化的烹饪工具。无论是炒菜还是煮饭,都必须钻到那又深又暗的灶窟口,点上松明,架好柴火,等烧热大锅后,才能做饭炒菜。不但费时,而且那一米多深的灶窟很难点着火。记得我就曾经因为好几次点不着火,不但将自己的脸和手弄得乌漆麻黑,还因为气急败坏竟然将烧锅用的“吹火筒”都给砸烂了。俗话说“老槠嫩枞,敲破吹火筒”,那个时候烧锅,不但在技术上有讲究,要善于使用“火叉”将柴火在灶窟里搭好架,以便点燃松明;在柴火的选料上也有讲究。柴火不干燥不行,不易燃不耐烧也不行。古时的婺源,基本上都是妇女负责烧锅做饭,冬天要起早，夏天要熬热。“做大锅饭”这种专业妇女的劳动强度，一点也不比男人们在外面劳作轻松。

火煨辣椒，比起烧锅炒菜就要容易得多了。“火桶”，是婺源人家家必备的防寒家具。这种火桶，一般是圆形，上面小下面大，一面是空的，其他三面全用木板圈起来。中间置一火盆，火盆里装炭火，炭火上薄薄地覆盖一层炉灰。人既可以坐在火桶上烤火御寒，也可以坐在凳子上将脚放到火盆沿取暖。这种火桶既防风保暖又卫生安全，且小巧玲珑便于携带。因为南方天气潮湿多雨，一般不到“出梅”后，婺源人是不轻易将火桶收藏的。冬日里农村的孩子都喜欢带着这样的火桶去学校读书。我也不例外，只是不知我那时候是因为年纪太小没力气，还是我家的火桶比别人家的要大、要重，提到手上总感到力不从心。在从家里到学校那不足四百米的路上，总要留下几个我歇手喘气的印痕。

母亲随便挑几个颜色光亮、肉质饱满的辣椒放到早上就已经装满炭火的火桶里。她一边隔一会儿用筷子将火里的辣椒翻动一下，一边和我说着话。时间不大，也就五六分钟的样子，母亲将火桶里的辣椒一一夹到一块早已准备好的湿布上，然后用另一块干净的湿布将辣椒一一擦拭干净，并顺手剥掉辣椒蒂。等火桶里的辣椒全部擦拭干净后，母亲拿来一个土钵，先在钵里放入一勺菜油，再将辣椒全部放入土钵中，在加入适量的精盐后，便用“锅铲柄”轻轻地将钵里的辣椒捣扁、捣碎，再用筷子将钵里的辣椒随意搅动几圈，然后加了一点荤油，就递给我佐饭了。

炒酸辣椒

这样烹制出来的辣椒，新鲜爽口，清香四溢，辣味十足，而且辣椒本身与生俱来的各种营养成分，也都不会受到破坏。走遍婺源的大小山村，无论是士子儒商、农夫莽汉，还是村姑儿童、翁妪官吏，几乎没有一人不喜欢这道"火煨辣椒"的，也几乎没有一人不会加工烹制这道"火煨辣椒"的。

长势良好的朝天椒

地广人稀的婺源，多激流飞瀑、峻岭幽谷。山环水复、云遮雾绕的自然环境，注定婺源人们每年中必须有一半以上的日子生活在潮湿、阴冷的空气中。而辣椒，这种原产于墨西哥、于明代传入我国的大众化蔬菜，由于它有祛风除湿的特殊功能，因此备受饱受风湿困扰的婺源人民欢迎。在婺源民间，有"不吃辣，不讲话"和"家中有辣椒，菜肴不必烧"等民谚。而据新安医学传承人郎革成先生看来，辣椒味辛，性热。能温中健胃、散寒燥湿、暖胃发汗。对防治食欲不振，脾胃虚寒，寒湿瘀滞，少食苔腻，身体困倦，肢体酸痛；感冒风寒，恶寒无汗等症状有一定的疗效。现代医学也认为，由于辣椒中含有丰富的维生素C、β—胡萝卜素、叶酸、镁及钾等人体必需的微量元素，因此，辣椒不但有抗炎及抗氧化作用，还有助于降低心脏病、某些肿瘤及其他一些随年龄增长而出现的慢性病的风险。更有助消化、防感冒、抗辐射、助长寿、降血糖、降血脂、预防胆结石、改善心脏功能、缓解皮肤疼痛、促进血液循环、肌肤美容和健胃、降脂减肥的功效。

火煨辣椒味道虽好，但烹制时一定要注意将辣椒身上的灰尘擦拭干净（千万不要将已经火煨的辣椒放到水中去洗），不要在享受美食的同时让灰尘误入自己的肠胃中去，更不要"因贪嘴儿甜，忘记屎窟痛"，一时忘形而过量食用，造成腹痛、拉稀等病症。无论吃什么玩什么，都应点到为止，有所节制，不要跌入"物极必反"的怪圈。无论人生的道路走到何处，最好记住"少食多滋味，多吃臭无谓"这句婺源古训。

31. 苦槠豆腐

婺源的山，逶迤青翠，林密径幽，枫、栎、檀、樟、楠、栲槠、苦槠等各种树木扶疏摇曳，送绿播香。婺源的水，涓细澄明，甘甜清冽。鲫、鲤、鳙、草、鲢、军、青、石斑、白条等各种鱼儿游弋其中，怡然自乐。当年那些从中原一带迁徙而来的士大夫们，和世居本地的山越民族一起，封山育林，围田筑坝，禁河休渔。他们为了感恩大自然，保护乡村乐园的固有风貌，不惜以“杀猪封山”、“杀人禁河”等在现代人看来简直是不可思议的方式，来保护森林，保护水土，来维护这一方“日朗天青、天人合一”的自然环境。我想，如果没有当年这些古人们在环境保护中的不遗余力，婺源能有今日的明山秀水？婺源能成为“中国最美的乡村”？

漫步于村前村后郁勃葱翠的森林里，我们不难发现那甘之如饴、采之不尽的山珍。有香菇、木耳、灵芝、竹菇等菌类；也有杨桃、乌饭、萝璎、板栗等果实；还有臭株茶、茶菩藤、鸭板脚、强盗草等草本植物，这些吮吸着自然雨露生长的山中奇葩，都是滋养婺源人成长的绿色食品。在这些众多营养丰富的食品中，苦槠树上的果实——苦槠，更是一种人见人爱、解馋健体的美馔。

苦槠树，又叫苦槠栲、苦槠锥、苦栗、大叶橡树等，生长寿命非常旺盛，可以存活几百年甚至上千年。即便它的树干全空了，它照样枝繁叶茂，生机盎然。栲槠树叶四季常青，枝叶对二氧化硫等有毒气体抗性很强。有学者说，苦槠树是长江南北的“分界树”。苦槠树，一般都生长在长江最南端的丘陵山区，个别城市里也会偶尔留有它巍峨庞大的身躯，不过，再往北，它就无法存活了。

苦槠树上结出的坚果，婺源人都简称为“苦槠”。这种果实一般在5月开花，6月份结出果实。果子在10月份成熟后，就会随着萧瑟的秋风自然脱落到地上。苦槠的颜色为暗褐色,外面包着一层坚硬的外壳,壳上还长有灰白色的细绒毛。

苦槠的外表,和婺源本地出产的“鸡心栗”有些相似。苦槠的外壳虽然很坚硬,但里面的果肉,却能通气解暑、去滞化瘀,特别是对痢疾和止泻有独到的疗效。腹泻时,只要喝上一碗苦槠羹,立马就能够止住腹泻。据新安医家程剑峰中医师介绍:苦槠味酸甘,平,无毒,性微寒。有止泻痢,化瘀血,止渴消暑,治疗虚劳、阳痿、水肿等功效。对预防现代人十分头疼的脂肪肝、糖尿病、血管硬化等病症,也有着非常明显的食疗作用。

用苦槠果肉制作“苦槠豆腐”,是过去婺源农村家家必备的食品。久居山里的婺源人,不但能从自己精耕细作的田地里收获粮食,也善于从大自然的赐予中获取自己喜爱的食品。记得我小的时候,就曾经跟着村里的大孩子一起去山上捡过苦槠。苦槠捡回家后,是不能马上吃的。先要在天气晴朗的时候,将苦槠放到太阳底下去暴晒,一直将苦槠外面的硬壳晒裂开来为止。然后用一块小木板碾压苦槠,让苦槠的外壳和果肉完全剥离。再将不含杂质的干净苦槠果肉,放入清水中浸泡,每天换一次水,以尽快消除苦槠果肉与生俱来的苦味。这个过程一般要持续7—10天。然后将已被浸泡得发软发胀的苦槠从水中捞起,沥

晒苦槠

苦槠

素炒苦槠豆腐干

干，再按照3∶1的比例加入大米（一般3斤苦槠1斤大米），一起放到石磨上去磨浆。

经过浸泡的苦槠和着大米，在石磨欢快的反复旋转中，就会变成一股浅褐色的浓浆。将所有的浓浆倒入已经烧热的大锅，并加入适当的清水，一边慢慢地均匀搅拌，一边静候锅里的浓浆变稠变凝。灶窟窿（婺源人家锅灶的俗称，烧柴火类似"炉膛"的地方）里的柴火，也要随着锅里的浓浆变化而变化。浆还是稀的时候灶火就要旺，浆变稠凝了灶火也就要随之变小。等到锅里的浓浆完全凝固后，迅速从锅里取出已经凝稠如面团一般的苦槠，放入干净的容器摊晾。摊晾以后，再像切豆腐那样将苦槠切成均匀的块状，并同样放到清水中去浸泡。这样，苦槠豆腐的制作就大功告成了。

原料有了，烹制就相对比较简单。婺源人做菜，和婺源人的性格有点相似，不尚花哨，只重实际。取新鲜的苦槠豆腐一块，稍稍挤去水分后切成较小的块备用；然后将辣椒切片，泡椒切碎，葱白、生姜切末；往热锅中倒入少许桎籽油，先放入泡椒碎和姜末，炒出香味；接着往锅中倒入苦槠豆腐，和着先前下锅的作料不断翻炒，翻炒过程中如果发现有尚未切小的苦槠豆腐，可以用锅铲铲成小块，并倒入少许酱油和水，以便调味；等锅里的苦槠豆腐颜色炒得像肥猪肉一样的时候，再加入辣椒和适量的盐；等辣椒一熟，撒上精盐和香葱，就可以起锅装盘，佐酒下饭了。

婺源厨娘，讲究的是"入得厨房，出得厅堂"，不但能相夫教子，固守家业，而且还能做出一手好菜，借以抓住丈夫的肠胃，拴住男人的心。简单的一块苦槠豆腐，无论是煸炒、水煮，还是粉蒸，在她们的手中，都能做出很多种口味鲜美、风格各异的滋味。譬如水煮苦槠豆腐，既能尝到苦槠固有涩涩的味道，还能品到浓浓汤汁带来的无限清香。正因为如此，水煮苦槠豆腐，在婺源相当流行。

水煮苦槠豆腐的具体做法是：烧热铁锅，往锅中注入适量柽籽油，然后加入碎辣椒、生姜和清水；等锅中水烧沸后，取苦槠豆腐一块，切成二寸长一寸宽五分厚的小块，放入锅中；同时加入精盐适量；待锅中水再度沸腾时，放入葱花、味精，即可起锅装盘食用。

煮出来的"苦槠豆腐"，爽滑鲜嫩，味道可口，清香扑鼻。那种香氲中略带苦涩、清淡中蕴含甘饴的味道，足以让人油然而生一种"一蓑烟雨任平生"的豪迈和领会"人间有味是清欢"的真纯。

32. 蔬菜皇后

“春事阑珊芳草歇。客里风光，又过清明节。小院黄昏人忆别。落红处处闻啼鴂。”(《蝶恋花·苏轼》)随着气温的逐步升高，河边柔柳似乎也在一夜之中由嫩黄变成了翠绿。而如牛毛、如绣花针般的春雨似乎并没有停下它缠绵的脚步，反而由原来的润物无声变得淅淅沥沥起来。也就在这个时候，那些被勤劳朴素农民如珍宝一样藏在地窖里的红薯，也开始迸发出胖嘟嘟水嫩嫩粉红色的嫩芽儿，并如同被打了“催长素”一般长得飞快。在人们吃饭、干活、读书、睡觉的不经意间，红薯母被育成了红薯缨，被蔓延成了红薯藤。初次长出来的红薯藤，还会被农民剪成一截截的小段儿，在山坡、空地和茶园、菜园中四处扦插……

红薯，在婺源又被叫作“番薯”。在婺源人眼里，番薯是仅次于稻谷的主要农作物，因为番薯不但对生长环境要求很低，而且栽种成本也比稻谷低廉，产量却高出许多。番薯富含淀粉，既可以作为粮食活人，也可以作为饲料养猪，耕作容易，便于储存。过去由于生产力极其低下，而婺源又地处黄山余脉，境内山高水冷，田少人多，食物供应和饮食需求的矛盾相对比较尖锐。而番薯的大量引种，有效地解决了人畜争粮的冲突，也为餐桌上增添了不少快乐的音符。因此，漫步于婺源农村的村头屋后、路边河畔，总能随处可见那长势蓬勃、绿波荡漾的番薯。

记得小时候，婺源有一首新安竹枝词是这么唱的：四月番薯一把秧，剪藤扦插在山冈。藤梗藤叶多滋味，秋后块根活命长。意思是说自从番薯扦插成活后，无论是番薯藤梗、番薯藤叶，还是那长在地下、秋后成熟的番薯块根，都是人们既可以用来果腹又可以用来品味的佳肴。

素炒番薯藤梗，使任何一个到婺源旅游的外地人，食过之后都有一种意犹未尽的感觉，也更理解生于斯长于斯的阙里遗民，为什么对番薯情有独钟了。清晨,披着朝霞踏着带有露珠的路边野草,到自家菜园地里,采一把茎长梗壮的番薯藤梗,撕去长在梗外面的那层表皮,掐掉番藤梗顶上的番薯叶,并把已经撕去表皮的番薯藤梗,折成二寸左右的段,洗净沥干。再从自家的腌菜坛里抓一把去冬腌下的红辣椒,放在一边备用。然后烧热铁锅,加入素油(婺源俗话,菜油或柽籽油)。等锅里的油冒烟后,迅速倒入番薯藤梗和酸辣椒,快速翻炒。在翻炒过程中,加入适量的精盐、姜末、蒜泥和味精。也就四五分钟,一盘红的似火、白的似玉、清香开胃、酸辣可口的"酸辣椒炒番薯藤梗"便大功告成。夹一根香脆可口的番薯藤梗放进口里,细嚼慢咽,一股仙露般的浓汁,由口及喉,瞬间流遍全身,令人感到无比的享受和安逸。仿佛人世间所有的恩怨情仇、尔虞我诈,都在这一刹那间消失得无影无踪。

婺源人和所有的徽州人一样,尚俭耻奢,对食物的要求也仅仅停留在"果腹"的层面上,没有国内其他地方对食物那种近乎疯狂的挑剔与雕琢。在崇本务实的婺源人心里,对那种既费时耗力又消费奇贵的食物,素来是不屑一顾的。因此,作为价廉味美且很具实用价值的番薯,无论是积谷千担的大户还是家境贫寒的人家,都将它视为"人间珍宝"。番薯藤梗可以素炒,番薯藤叶也可以"糊"或者"蒸",至于番薯的块根,其可供烹饪的方式简直是令人眼花缭乱、目不暇接。素炒番薯丝、酸辣番薯丝、粉蒸番薯块、水煮番薯粥、清蒸番薯饭、饭甑沿上蒸番薯等,都是令今天的现代人直流口水的美食。如果觉得下厨房烟熏火燎的很辛苦,还有一个偷懒的好办法,那就是"火煨番薯"。

"火煨番薯"又称"煨番薯"。婺源方言语汇丰富,往往一个字可以代表几个字,几个字可以代表一句话甚至更多。婺源人"煨番薯",不是如今城市里用煤或电"烘烤"的那种。婺源人煨番薯,方法简便易行,工具也不讲究,但煨出来的番薯,却芳香扑鼻,让人欲罢不能。只要

番薯

有火，婺源人随时随地都可以煨番薯。烧锅做饭的“灶窟窿”里可以煨，刈草斫柴后集中烧草木灰的“火堆”里也可以煨；冬天供大家围在一起烤火取暖的“火塘”、“火炉盆”里可以煨，随身携带的“火桶”、“手炉”也可以煨。最有趣的是冬天大家围在“火炉盆”边一起“抄天说鳖”，有人便随手丢几颗番薯埋在火炉盆里。正当你“听鳖”听得如醉如痴的时候，火炉盆里的番薯却“不怀好意”地发出那一缕缕诱人的馨香。这种无孔不入略带焦香的气味，一旦闻到后，不要说是“说鳖”和“听鳖”的凡夫俗子，纵使是蓬莱仙境的神仙和西天大雷音寺里的菩萨，也无法按捺得住那颗早已心旌摇荡的好吃之心，在那里“抄天”、“听鳖”了。一个个“打抢”似的，争先恐后地将番薯从火炉里掏出来，一边“呼哧”、“呼哧”地吹着被番薯烫痛的双手，一边迫不及待地撕去番薯那层已被炭火煨焦的表皮，然后狼吞虎咽地大吃起来……

据说，在我国历史上，乾隆皇帝就比较嗜好煨番薯。这位在历代皇帝中寿命相对较长的长寿皇帝(89岁)，据说曾患有老年性便秘。无论太医们怎么千方百计地为他治疗，总不尽如人意。有一次，乾隆微服下江南私访，路过徽州府的一家农户门前时，一股焦香味儿迎面扑来，十分诱人，引得乾隆驻足四顾。乾隆最终还是拗不过肚子里的馋虫，进去一看，原来院子里有几个小孩正在那里煨番薯。“番薯有如此之香？”疑惑不解的乾隆接过小孩递上的煨番薯，一尝之后，竟连呼三句“好吃”。回宫后，乾隆天天让御膳房煨番薯给他吃。不知不觉中，他久治不愈的便秘竟然也神奇地痊愈了。乾隆十分高兴，夸赞道：“好个番薯，功胜人参啊！”从此，徽州一地又多了一句“徽州番薯胜人参”的谚语了。

传统新安医学认为，番薯“味甘，性平，归脾、肾经，补中益气，益气生津，宽肠胃，通便秘，主治脾虚水肿，便泄，疮疡肿毒，肠燥便秘”。现代医学专家也研究发现，番薯具有增强免疫功能，促进新陈代谢，延缓衰老，降低血糖，通便利尿的作用，尤其能有效地预防动脉硬化，各类肿瘤的发生，在防止细胞癌变等方面有良好的保健功能和医疗效果。据有关方面报道，美国已把红薯列为非常有开发前景的保健长寿菜之一，日本、香港、台湾等地则将红薯列为“长寿食品”，而在法兰西，红薯叶竟被多情浪漫的法国人尊之为“蔬菜皇后”。

33. 马兰绿茵茵

“离离幽草自成丛,过眼儿童采撷空。不知马兰入晨俎,何似燕麦摇春风。”宋代大诗人陆游在《戏园中百草》的这首诗中,非常形象贴切地描述了江南的特产,一种每到初春时节便会在田野上、山道旁、小河边四处出现的新鲜野味——马兰头。

马兰头,又叫“马拦头”,据说是一种马儿特别喜欢吃的野菜。在过去,马是人们出行的主要交通工具。如果在赶路的时候,贪吃美食的马自顾自地去吃草,而忘记了赶路,那么就会影响人们出行的计划了。于是,为了让马儿好好跑路,聪明的人们想出了一种可以罩住马嘴的竹笼子,将马嘴笼住,让它们吃不到马儿特别喜欢的香草。于是便有了这样的名字。

婺源,地处亚热带季风性气候的崇山峻岭间,树林荫翳,溪流众多。每到春暖花开时节,无论是纵横的阡陌上,还是潮湿的草地中,到处都生长着碧绿、馨香的马兰。在婺源,马兰又称马兰头、路边菊,有一股近似菊花却又淡淡的清香,是一种自古以来就人见人爱、家家喜欢的绿色食品。《本草纲目拾遗》引用的《百草镜》中说:“马兰气香可作蔬。”

二寸来长,气味芳香,入口甘爽的马兰头,据说是野菜中的精品。古人对马兰的烹调,也早有涉及。古籍中有许多记载着烹调马兰的方法,如《遵生八笺》和《野菜谱》上说:“……熟食,又可作齑。”《救荒草本》上说:“采嫩苗叶烧熟,就吸水浸去辛味,淘洗净,油盐调食。”《随息居饮食谱》也说:“……嫩者可茹,可菹,可馅,蔬中佳品,诸病可餐。”无独有偶,作为家常菜也只限于比较贫寒的人家吃的马兰,竟然也受到了文人墨客们的喜爱,素以“性灵”著称于世的清代诗人袁枚,在他的《随园食单》中,也详细记录了马兰的烹饪之法:“马兰头,摘取嫩者,醋和笋拌食。油腻后食之,可以醒脾。”

马兰虽然鲜嫩可口,清香有味,但采摘野生的马兰,却也是一件非常辛苦的活儿,挺不容易的。首先,你得从一大堆杂草丛里发现它,然后蹲下采摘,然后你又站起来寻找,发现目标后重新又蹲下采摘。这样反反复复,周而复始,很容易折腾得人腰酸腿疼,头晕目眩。即便你非常认真,非常努力,而野生的马兰因为个头小、分布散、喜欢生长在杂草丛生的地方等原因,一个人摘大半天也就只有一小袋。所以,采摘马兰,也是考验一个人是否有耐性的有效方法。

按照婺源人的传统做法,摘回来的马兰,掐去老梗,择掉黄叶,洗净后,可蒸,可炒,也可凉拌。方法极简单,味道极鲜美。物美价廉、雅俗共赏的马兰,就这样获得了无论达官显贵还是平民寒士们共同的青睐,成为婺源春季家家不可缺失的美味佳肴。

随着时代的发展,条件的改善,如今的婺源人,在凉拌马兰的时候,大多加上一些五香豆腐干切成的细丁,再滴上些麻油。这样凉拌起来的马兰,吃起来更加显得清香爽口。在素炒马兰时,也不像过去的那种清炒了,炒马兰时总搭一些肉丝,让野菜更充分地吸收油分,以便减去野生马兰与生俱来的涩味。不过,无论如何烹调,以这些寻常方式烹调出来的马兰,还是不够色香味美。下面向大家推荐两种堪称一绝的马兰烹调方法,相信各位食客在如法炮制并品尝之后,一定会拍案叫绝,下饭三碗。

素炒马兰头

第一道:马兰拌豆腐

主料:马兰,豆腐。

制作:将马兰去杂洗净,入沸水锅中焯透,捞出用清水冲几遍,控水,切碎装盘;将豆腐入沸水锅汆一下,捞出切丁,放在马兰上,撒上精盐,

水豆腐

淋上麻油，点入味精，拌匀即成。

功效：此菜是由马兰和益气和中、生津润燥、清热解毒的豆腐相配而成。具有清热解毒、生津润燥的功效。适用于阴虚咳嗽、慢性气管炎、咽喉肿痛、鼻出血、吐血、消渴烦热等病症。

第二道：马兰炒肝尖

主料：马兰，猪肝。

制作：将马兰去杂洗净，切段；猪肝洗净，切片。锅上火、加油、烧热，放人猪肝煸炒，加入酱油、葱花、姜片、料酒、精盐和少量清汤，继续炒至猪肝熟时加入马兰炒至入味，点入味精，出锅装盘即成。

功效：此菜与滋肝明目、补气养血的猪肝相配而成，适用于眼花、夜盲、面色萎黄、贫血、浮肿、慢性气管炎、咽喉肿痛等病症。

近代医学研究表明，马兰中的各种营养成分都很丰富，除含有纤维素、糖类、蛋白质和脂肪等一般的营养成分外，还有可观的微量元素、胡萝卜素。每100克马兰中含钙285毫克，磷106毫克，钾533毫克，铁9.5毫克。胡萝卜素的含量几乎与胡萝卜相等，维生素A的含量超过西红柿，维生素C的含量超过柑橘类水果。

34. 儿拳山蕨倍清新

“一拳打破地皮穿，拿住春风不放拳。直待子规啼夜月，放开青掌始朝天。”婺源籍的南宋著名诗人、散文家汪应辰写的这首《蕨初生》，非常形象、逼真地描写了春天里山蕨菜刚刚生长的形态，让人读了有一种呼之欲出的感觉。

山蕨，又名吉祥菜、龙爪菜。是一种对生存环境要求不高、而生长繁殖能力又特别强的绿色植物。长大后的山蕨根茎短，呈匍匐状，密披暗褐色狭形鳞片，叶簇生，叶柄长达25厘米；叶片为披针形或卵形，厚革质，四回羽状裂叶，下侧的羽片通常退化而短缩。喜欢生长在森林和

婺源山村

山野的阴湿地带，对光线的适应能力特别强。

婺源，因为拥有85%的山地丘陵面积，而且气候、海拔和潮湿度，都特别适应山蕨这类草本植物的生长。因此，漫步于婺源农村的村头村后，道路旁、田磅上、山坡前，到处都可以见到高70厘米左右，且密密麻麻、簇拥成片生长的蕨类植物。每当冰雪消融、春回大地的季节，这些蕨类植物，就会绽芽破土地冒出一根根身带银毫的拳拳山蕨来。这些毛茸茸、鲜嫩嫩的绿色植物，除了身材窈窕、造型可爱、足以让人逸兴怡情外，也是一种爽口、开胃的时令野菜。而每年的清明前后，都是采摘野蕨菜的最佳时机了。

人类对蕨菜的食用由来已久，早在三四千年前，我们的祖先就有蕨菜的记载了。《诗经·陆玑疏》里说道："蕨，山菜也。初生似蒜，紫茎黑色，可食如葵。"《齐民要术》《本草纲目》等书中记载："蕨有清热、利湿、消肿、安神、活血、止痛之效。可用于治疗发热、痢疾、黄疸、白带增多等症，也可作为风湿性关节炎、高血压的食疗。"在《搜神记》中则有则小故事：郗鉴镇徒，二月出错，有甲士折蕨一枝，食之，觉心中淡淡成疾，后吐出一小蛇，悬屋前，渐干成蕨。

蕨菜营养丰富，含有多种维生素和微量元素，据说有抗贫血、减肥、消暑、祛热、延缓衰老之功效。每当春暖花开的时候，漫山遍野都长满了山蕨菜。那些刚刚从土里长出来，枝头上的嫩叶像小孩的拳头一样紧握的山蕨，正是人们采摘的最合适时间。这个时候的山蕨如果采摘回家，经过精心烹调后，绝对是一道令人难以忘怀的佳肴。历史上，周文王讨伐无道的商纣王，灭了商朝。但纣王手下的重臣伯夷、叔齐，却不肯归顺，发誓不食周粟。他们兄弟二人逃进深山以后，一直靠采食蕨菜度日。在《诗经》中有"陟彼南山，言采其蕨"的诗句。《晋书·张翰传》云："吾亦与子采南山蕨，饮三江水耳。"《本草纲目》记载："蕨，处处山中有之。二、三月芽……其茎嫩时采取，以灰汤煮去涎滑，晒干作蔬，味甘滑，亦可醋食。"如今，随着"回归大自然"之风的盛行，作为野菜之一的蕨菜，更是受人青睐。蕨菜其味之美，也博得了不少文人墨客的赞美。南朝宋代诗人谢灵运写道："野烧初肥紫玉圆，枯松瀑布煮春烟。……早韭不甘同臭味，秋莼虽滑带腥涎。"在诗人眼中，蕨之鲜美压倒早韭和秋莼。唐代诗人郑谷赞道:“溪莺喧午寝，山蕨止春饥。”宋代大诗人陆游,也曾盛赞蕨菜“蕨芽珍嫩压春蔬”。而明朝诗人罗永恭在畅快淋漓、风卷残云般品尝完刚刚上市的炒山蕨后，竟兴致勃勃地写下了这么一首赞美蕨菜的好诗篇:“堆盘炊熟紫玛瑙,入口嚼碎明琉璃。溶溶漾漾甘如饴,但觉馁腹回春熙。”当然,不管其他诗人、文学家如何赞美蕨菜如何味美、可口,北宋黄庭坚的“竹笋初生黄犊角,蕨芽初长小儿拳,试寻野菜炊春饭,便是江南二月天”是无论如何也不能忘记的。在这首七绝中,才高八斗的黄庭坚,信手拈来“小儿拳”比喻蕨的嫩芽，活泼生动，惹人喜爱，如此出人意料的才思，确实叫人由衷折服。

腊肉炒山蕨

文人对蕨菜情有独钟，婺源的百姓很早也把它作为一种桌上佳肴。在婺源,人们对山蕨的评价很高,有“野菜之王”、“雪果山珍”的美誉。婺源人对山蕨的烹制,也很有研究,不但可以炝、炒,而且还可以蒸、可以煲。

婺源人烹制山蕨的基本步骤是这样的,先将山蕨采来,放在锅里用水稍微煮一下。煮山蕨,是为进一步烹制山蕨做前提准备,也算一门技术活,既不能煮烂也不能没煮到位。下面,我将婺源传统的煮山蕨方法摘抄如下,供大家选择:

方法一:可将浓度为1%的草木灰水和相应的蕨菜同时放锅内,用旺火,烧至灰水冒气泡再延长2—4分钟,然后熄灭火源,捞出并放入清水中洗涤,沥干备用。

方法二:先把配制好的草木灰水烧开后,将相应的蕨菜放入开水内烫2—3分钟。总之烫至成熟透心、卷而不断为宜。烫后的蕨菜要马上用干净的冷水(最好是流动的清水)进行漂洗。洗净后用漏水的容器沥干待用。

方法三:烧一锅开水,把山蕨菜放入开水中焯片刻,待到山蕨菜呈褐黄色捞起,放入凉水中过一下,顿时又鲜活如初了。上面的茸毛被开水焯掉了,除去涩味,同时也变得软而韧。

开始烹制时,先将山蕨从水中捞起,切成段备用;再将腊肉切成薄片,生姜切成丝,韭菜切成段待用。油锅烧热,将山蕨、腊肉、韭菜下锅,加入蒜泥、姜丝、辣椒等作料,趁热爆炒,然后加盐和味精,熟后装盘,一盘清脆细嫩、滑润无筋、味道馨香的蕨菜就炒好了。

在婺源,山蕨还可以“焚”。焚山蕨的具体方法是:先将已经清洗干净的山蕨切细,像蒸菜一样加入米粉、盐、大蒜加以搅拌,然后装入盆中,在山蕨上面覆盖已经切成二三寸见方的腊肉,然后放入蒸锅隔水焚熟。用这种方法烹制出来的山蕨,颜色翠绿,造型美观,既富有浓厚的山村风味,又清香四溢,使人望而垂涎。

除了“炒”和“焚”以外,聪明节俭的婺源人,还喜欢把山蕨用水略略煮过以后晒干,这样既减少了山蕨的毒性,又能一年四季食用。晒干的山蕨,要放入密封的坛中储存。平时要吃,可抓起若干,用温水浸泡,或焚或炒,皆风味不俗。晒干后的山蕨,融入了太阳的芳香,其风味更是别具一格,既可下饭又可下酒,齿颊留香。酒足饭饱之余,令人不由得击节赞叹。

35. 南瓜筒　南瓜花

原产于亚洲南部、如今在世界各地均有不同程度栽培的南瓜，因产地不同，所以叫法也各不相同。有叫麦瓜、番瓜、金冬瓜的，也被称为金瓜、倭瓜、地瓜的。又由于南瓜成熟后，还可以充作牲畜的饲料、人类的杂粮，所以有很多地方又将南瓜称为“饭瓜”。

婺源何年开始栽种南瓜？这已经无法考证了。由于南瓜这种植物对土地养分、土质情况等要求不高，所以无论是石头堆还是红土地，都可以让勤劳的人们随意栽培，并结出丰硕的果实来。又由于南瓜一根蔓可长到十余丈长，因此，婺源更喜欢用木头搭起一种叫“南瓜浪”的架子，来让南瓜藤沿着木架滋生蔓长。每逢夏秋两季，无论是含光缀露的早晨，还是绮霞满天的傍晚，和着清新凉爽的晨风，吮吸着略带芳甜

南瓜

的空气，徜徉于高低不一、繁复茂盛的南瓜浪之间，那意境，那氛围，似乎也有几分“采菊东篱下，悠然见南山”的旷达和神怡。

南瓜包

婺源人非常钟爱南瓜，士、农、工、商，几乎无人不爱南瓜之实，不甘南瓜之饴。因此，随处见缝插针栽种在田头屋角、石磅路边上的南瓜丛，也都是人们喜欢充作茶余饭后聊天、“说鳖”的话题。婺源人种菜，总喜欢在菜园的外沿，习惯性地种上几丛南瓜，搭上一排南瓜浪。这样一来，既可以让自己菜地与别人家菜地之间，形成一道“天然”的篱笆，又可以不影响整个菜地中其他蔬菜的生长。俗话说“草里冬瓜浪上南”，长在南瓜浪上的南瓜，因为更受阳光雨露和清风的亲昵，因此长出的果实会更饱满、更庞大，更鲜艳无比。也正因为这个事关南瓜成长的根本原因，所以有南瓜浪辅助生长的南瓜，总比那些钻在“草蓬笼”(杂草丛)里的南瓜产量更高。

“宅前屋后扎篱笆，稼穑难成种麦瓜。叶大藤粗生意阔，吟风赏月对金花”(新安竹枝词·种南瓜)。在过去一年当中的很多时间里，南瓜是婺源人的主食。一则因为“瓜菜半年粮”，南瓜可以代替谷类充饥；二则也许是在漫长的生活生产过程中，崇尚诗书的婺源人，发现了南瓜“性温、味甘无毒，入脾、胃二经，能润肺益气，化痰排脓，驱虫解毒，治咳止喘，疗肺痈与便秘，利尿”等特殊功效。

在整个南瓜类蔬菜里，不单只有南瓜的果实可以食用，南瓜筒、南瓜花、南瓜皮、南瓜花蕊甚至南瓜子等，也都是婺源人特别喜欢食用的菜肴或者零食。婺源人食南瓜，除了众所周知的粉蒸、水煮、素炒南瓜果实等三种烹饪方式外，还有鲜有人知的素炒南瓜筒、油煎南瓜花饼和晒制南瓜粿等令人耳目一新、食之不厌的特色方法。

素炒南瓜筒，就是先将长在南瓜主藤上的连着叶子的那部分茎管采摘下来，掐去叶子，撕去长在南瓜筒表层的那些筋筋脉脉，折成二寸左右长的段后放到清水中洗净、沥干。然后烧热油锅，在放入生姜、大蒜、精盐、料酒后，倒入已经沥干水的南瓜筒，在热锅中快速翻炒，一俟锅中蔬菜变色，立即加入少许味精，再翻炒几下，然后出锅装盘，以供食用。刚刚出锅的素炒南瓜花筒，一身青翠，满桌飘香，晶莹剔透，酥嫩可口。看到眼里是满帘春色，吃到嘴里更满口生津，无论佐酒还是下饭，都是一道弥足珍贵的乡间美味。

吃罢南瓜筒，时间也就差不多到了夏至。按照我们古人的推算，夏至之后，南半球的白天时间总会比晚上的时间要长。而这个时候，也是南瓜花盛开的最佳季节。呈五角星形的南瓜花，总是喜欢在墨绿蓬勃的南瓜藤叶中，挤出它娇弱的身躯，绽放出它的靓丽与金黄。这些迎风缀露招蜂引蝶的朵朵金花，在扮靓清一色葱茏翠绿田园风景的同时，也还不忘为“日出而作，日落而息”的田翁渔父们，奉上香酥开胃的佳肴。比如“油煎南瓜花饼”，就是目前婺源市面上难得一尝的地方珍馐。

油煎南瓜花饼，倚重的是技巧与配料，而讲究的则是火候与手法。将新鲜的雄性南瓜花摘来(雄性和雌性南瓜花的区别是：雌性南瓜花底部有瓜果，而雄性没有)，掐掉中心的花蕊和剥掉底下的花萼部分，在清水中洗净后切成一寸见方的块儿备用；另外取紫苏叶、香葱少许，洗净后一并切细备用；然后取青花大瓷碗或拌料用的搪瓷盆一只，在碗内放入米粉两汤匙(米粉，就是婺源人平时蒸菜用的那种)，并往碗中注入清水，轻轻搅动，以便将米粉调开、调匀；接下来便将已经切好的花片、紫苏、香葱一并放入米粉汤中，不停搅拌直至均匀；武火烧热铁锅，注入适量柽籽油，只等油锅烧热，立即倒入已经拌好的米粉花片，然后小心翼翼地将米粉花片由锅底向锅壁外地一一溜平、溜薄；在溜平、溜薄的同时，要严格注意控制火候，火太大容易烧焦，火太小各种成分又难以相互渗透。等锅中花饼一直溜煎得既平整又匀称、颜色呈“一边金，一边银”的时候，再用锅铲将花饼切割成大小略等的小块儿，然后起锅装盘食用。

据传，南瓜花是一种亦蔬亦药的绝佳花卉。作为药品，《本草纲目》

中有南瓜花的身影；作为食物，久居山里的婺源人，祖祖辈辈以来，南瓜花一直是婺源农家菜谱中不可缺失的重要组成部分。婺源人，素来注重以饮食养生，多食一些对人体有益的蔬菜水果，轻易不要靠药物扶助，一贯以来都是崇尚朴素、实用。“是药三分毒”，是婺源长辈告诫子女和其他晚辈的常话。通过平常饮食和日间劳作祛病强身、延龄增寿，也正是敦厚善良的婺源人，得以将生命延续到“耄耋”甚至“期颐”之年的成功法宝。

36. 南瓜粿　南瓜皮

盛夏过后，一直到冬日来临的这段时间，都是南瓜开花授粉并长成硕大果实的季节。在这段相对漫长的时间里，虽然也有喜欢尝新的急性人，去采摘满身还碧绿汪汪的嫩南瓜来解馋(婺源人将这种还未成熟的嫩南瓜叫作“南瓜尬”)，但更多的人家，都是伸长脖子耐着性子等待“南瓜浪”上的南瓜由白绿转为青绿，并转为遍体金黄后，才从容不迫地去将一个个硕大无比的大南瓜采摘回家，慢慢享用。

记得我生活在农村的那段时间里，只要南瓜开始在藤上结出菠萝般大小的果实，每逢下雨的礼拜天，母亲总是让我去猪栏屋里，抽一把禾秆来搓“禾秆索”。每根“禾秆索”不需太长，搓1米左右就可以了。这些搓好的绳子，一俟藤上的南瓜颜色由绿转黄，就要被派上用场，被我的父亲带到菜园地里去，一头缚在南瓜柄上，另一头则因地制宜地系在南瓜浪上。这样一来，南瓜就不会因为自身的体积越来越大，重量越来越沉而坠地瓜破，造成不必要的损失。而我们家也会因此收获数量更多的南瓜，以供日常饮食和饲养家畜之用。

昔日的婺源、徽州乃至整个中国，物质条件都不如今日这般尽善尽美。无论是商店里的商品还是家庭中的食物，总是那么品种单调、样式简单。为了改善饮食质量，增添更多的生活乐趣，自古聪明的徽州女人，就会想方设法地提高烹调技艺，最大限度地将有限的食物以更多的花样呈现出来，以满足一家老少的饮食需求。这，既是居家过日子必需的生存技能，也是赢得家庭地位的一条捷径。因为过去的女人，无论家庭地位还是社会地位都极为低下(这种情况在古徽州尤为严重)，如果女人们不能在女红、厨艺、教子等方面独树一帜的话，那就更难以获得公婆的欢心和丈夫的敬重。

晒制外表红亮透明、内质香甜可口的南瓜粿，就是这些既聪慧又坚强的徽州女人们，经长期摸索和反复总结而精心烹造出来的一种小菜，也称“乡下粿籽”。这种集小菜与粿籽功能于一身的乡间美味，是经过一番搓、揉、蒸、晒、拌等烹饪工艺，并配以食盐、辣椒、芝麻、生姜、糯米粉、柽籽油等材料，经过一番心血精细加工而成的。每逢南瓜粿加工完成，无论是小孩嘴馋，还是男人喝酒、女人唠嗑，甚至招待到访的客人，似乎就有了无穷的乐趣，有了享用不尽的人生七味。

“七月太阳长(cháng)尾巴，家家麻簟晒南瓜。洋麻不够辣椒凑，肉嫩身红像朵花。”(新安竹枝词·晒南瓜粿)制作南瓜粿，第一，要先将那些已经完全成熟的南瓜用水洗净，去皮去子去果仁，然后用萝卜礤擦成丝，并将擦好了的南瓜丝放到太阳底下去暴晒。晒的时候，要注意将南瓜丝均匀地铺到干净的麻簟(即竹簟、晒簟)上，不宜过厚也不宜过薄，以免造成南瓜丝干湿程度的不一致，影响南瓜粿的口味。第二，是趁南瓜丝暴晒的间隙，将洋麻(即芝麻)放到热锅中去炒熟。在炒洋麻时，注意火不能太旺，以免炒焦，影响香味。洋麻炒熟后，将洋麻放到干净宽敞的土钵中，退热备用。第三，是将已经晒到七八分干的南瓜丝，集中起来，放到木饭桶中，用棒槌的头部用力捶打，一直捶打到木桶里的所有南瓜丝被完全捣烂。第四，是将已经完全变成泥状的南瓜丝，加入适量的糯米粉、碎辣椒、精盐和姜末，稍作搅拌后放到饭甑中大气蒸熟。蒸熟后，又重新倒回木桶中，待已经蒸熟的南瓜泥热度稍微降低后，加入已经炒熟的洋麻，然后不停地翻、揉、搓、拌，以便让所有洋麻、米粉、辣椒等配料，全部均匀地掺和到南瓜泥中去。最后，将已经完全搅拌均匀的南瓜果馅，用手圈成一个个大小如包子的圆饼，继续放

南瓜粿

到太阳底下的麻簟上去暴晒，直到彻底晒干。并将晒干的南瓜饼，用刀切成薄片。经过这样一番烦琐而复杂的工序后，整个南瓜粿的烹制工作才算真正完成。

晒制南瓜粿，既要选好材料，更要选对天气。只有选用那些外表光亮、皮薄肉厚、糖分充足的老南瓜，并配以连续几天大太阳，一气呵成的南瓜粿，才真正的香甜、爽口、开胃和有劲道，才会真正的余香袅袅，口味醇绵，香辣十足，让人吃过还想。

南瓜粿晒制好了，原先刨下的南瓜皮怎么办？会不会拿去喂猪或一倒了之呢？在徽州婺源的历史上，还不会有这么一个暴殄天物的家庭主妇的。婺源，素以仁德为本，俭朴为荣，“君子重德不重衣”、“君子谋道不谋食”的精神，早已根植到勤劳朴实的婺源人心里，并一以贯之地影响着一代又一代生长在这片神奇土地上的人民。基于这种考虑，婺源人对所有的食物，都是要尽可能地加以充分利用，而不是简单粗暴地施以丢弃的办法。

因此，在刨南瓜皮的时候，婺源人一般都用大饭盆或用竹子编织出来的“晒盘”放在地上，以便接收南瓜皮。等南瓜果晒出去后，主妇们将会及时地将盆子或盘子里的南瓜皮加以收集、整理，并切碎一些新

制作南瓜粿

鲜辣椒,连同南瓜皮放在一起。烧热油锅后,将南瓜皮和碎辣椒一起倒入锅中翻炒,并加入料酒、姜末、大蒜、味精、精盐、香葱等作料。熟透后装盘、食用。用这种简约而不简单的方法炒出来的南瓜皮,色泽鲜艳,清脆爽口,甜甜的,润润的,嚼劲大,回味足。拈一小撮放到嘴里嚼一嚼,霎时便有齿颊生津、精神振奋的感觉。碎辣椒炒南瓜皮,是婺源一道相当出名的民间小菜,目前仅能在少数几个偏僻的乡村中尝到。

粗糙而不起眼的南瓜皮,暗含许多不为人所知的营养价值。据《本草纲目》和《滇南本草》记载,南瓜皮具有补中益气、消炎止痛、解毒杀虫、降糖止渴的功效。近年来,随着国内外医学专家、学者对南瓜皮研究的进一步深入,表明南瓜皮中富含果胶、淀粉和糖分等多种成分。果胶有极好的吸附性能,能黏结并有效地消除体内的细菌毒性和重金属及放射性元素的影响,有抗环境毒物之功效。常食南瓜皮,对消化道溃疡、抑制癌细胞、久病气虚、脾胃虚弱、气短倦怠、便溏、糖尿病、蛔虫等病症,都有让人意想不到的治疗效果。

貌不惊人且价格低廉的南瓜皮,竟然有如此让人瞠目结舌的食疗效果,实在让我这个“不食人间烟火”的落魄书生拍案惊奇。

37. 婺源羹

张翰，吴郡吴县（今江苏苏州）人，是西晋时候的一个大文学家，为人放浪不羁，从不考虑功名利禄这些身外之物，而且才气非常好，能写一手好文章。当时的人们都说他有阮籍的风度，所以给他一个“江东步兵”的称号。据说，有一年，正在洛阳担任“大司马东曹掾”一职的张翰，因为有一日见秋风起，想到故乡吴郡的菰菜、莼羹、鲈鱼脍等，便说：“人活着最重要的是能够适合自己的想法，怎么能够为了名位而跑到千里之外来当官呢？”于是，便不辞而别，挂冠回乡，过起读书种菜的闲云野鹤似的生活来。当时政府因为张翰是私自离开职位的，于是就开除了他的公职。后来，有人对他说：“您怎么可以为了自己生活的一时快乐，而不去考虑百年之后的名声呢？”张翰很干脆地回答说：“给我百年之后的名声，还不如现在给我一杯酒。”后来的李白，非常钦佩张翰的人品，感慨之余，挥笔写下了这样的诗句：“君不见，吴中张翰称达生，秋风忽忆江东行。且乐生前一杯酒，何须身后千载名？”（李白《行路难·其三》）再后来，“莼鲈之思”也就成了思念故乡的代名词。

吴县的莼羹，究竟是什么滋味，由于我至今没有机会领略到其中滋味，因此不敢妄下定论。不过，既然可以让张翰不惜冒着“擅离职守”被追究行政责任的危险，而放弃高官厚禄回家乡来享用，相信味道一定错不了。不过，对此时坐在电脑面前的我来说，充满脑海的不是传说中的莼羹，而是另一道实实在在的、令人每次想起都情不自禁暗吞口水的美味——婺源羹。鲜嫩滑爽、晶莹不腻、香清味永的婺源羹，在我心里，一直被认作是镶嵌在中国最美乡村烹饪皇冠上的一颗璀璨珍珠。

婺源的羹，分为两种，一种是肉羹，一种是菜羹。因为两种羹汤在选料上各有侧重，因而在烹饪手法上也就不尽相同。肉羹，也叫猪肝

羹

羹，是一种将猪肝剁得非常碎并用婺源特产“番薯粉”精心勾兑出来的香羹。做这道菜的时候，“剁猪肝”这道工序非常讲究，猪肝末的大小，直接影响到整个羹汤的质量和口感。经验丰富的婺源厨娘，烹制猪肝羹时，一般先取待烹调的猪肝适量，洗净沥干，半个小时后将猪肝放到砧板上，用快刀将猪肝剁碎。剁的时候，要注意刀法的使用，不要太用力，以免剁烂砧板，造成砧板上的木屑混入猪肝中；也不能太轻，以致切不断附生在猪肝身上的那些筋脉。在将猪肝全部切成粉粒般的细末后，再将猪肝末全部转入大碗中，放入适量的番薯粉加以调制。在等待猪肝与番薯粉相互作用的时间里，将生姜、葱白(没有葱白，用葱叶也可以)等全部切成末。几分钟后，烧热铁锅，注入适量的桎籽油或菜油，同时也混入一点荤油，先将已经调制好的猪肝倒入锅中，稍微翻炒几下，马上加入热汤并大火煮沸。煮沸后，火势转低，改用文火，并迅速加入已用水调开的番薯粉，以及生姜、香葱、精盐、辣椒粉等作料。等锅中羹汤变得十分浓稠的时候，加入少许味精或鸡精，即可起锅食用。

新出锅的羹不宜马上食用。一则因为太烫，会烫坏人的口腔和食管；二则这时羹的味道还没有完全稳定，个中滋味难以完全凸显。相对而言，处于“温”这个热度的猪肝羹是食用的最好时段。你既可以用舌尖去探求羹味的厚薄，也可以用大脑去放飞羹味给你带来的无穷享受。

菜羹，在选料上比肉羹更为丰富，不会局限于猪肝一种。按照婺源人多年养成的烹调习惯，豆芽、豆腐、香菇、笋干、干豆角、油渣、辣椒等，都可以相互组合，共同构成菜羹的主料。比如，如果选用豆腐、香菇、笋干这三种蔬菜烹调菜羹，则先要将入选的蔬菜洗净，并切成细如豆粒般的丁，然后先将香菇、笋干倒入油锅中翻炒，三四分钟后，再加

干笋衣

入豆腐一起翻炒；待锅中菜肴已有七八分熟时，加入冷水大火猛煮，直到煮沸。煮沸后，按照肉羹的方法，将火势转低，改用文火，并加入适量的已用水调开的番薯粉和生姜、香葱、精盐、味精、辣椒粉等作料。一俟锅中羹汤变稠，即可起锅食用。

羹，在婺源一般只做下酒菜，或充作单独食用的一种食物，不会作为佐饭的主要菜肴。因为自古饱受朱子思想熏陶的婺源人，厚重朴实，强调以诚待客。过去，家中来了客人，怎么个招待呢？猪肉要切成大大的方块并粉蒸，鱼要冷水塘鱼并整尾地清炖，所有的菜肴，装在盘中都要像一座座小山那样“堆尖戴帽”，以示对客人的尊重和主人对款待客人的重视程度。而羹这道菜，虽然味道相当不错，大家平时能食用的机会也不是很多，但大多数淳朴实在的婺源人认为，羹的里面，水分毕竟太多（一碗羹中差不多80%的比例都是水），不但容易饿（古代婺源，待客以吃饱饭为第一要务。客人吃完饭后，主人都会很有礼貌地奉上一杯清茶，并附上“吃饱了吗，再吃一点，别客气，一定要吃饱哦”等问候语），而且也不能完全体现主人的待客之心。因此，在婺源，还有关于吃羹的另一种戏语：“吃了三碗羹，肠胃全是汤，撒完一泡尿，肚又饿得慌。”（在婺源俗语中，羹、汤、慌三字谐音）

38. 清明螺,抵只鹅

明朝才子徐文长,学富五车,才思敏捷,平日里也喜欢看菜作诗。有一次,徐文长受邀饮酒,主人为助酒兴,便要宾客以桌上菜肴为题材,吟成一诗。就在众人苦思冥想之际,徐文长指着一盘炒田螺,脱口而出:"久为溪涧物,日日负赘居。晓观楚天露,夜伴越水石。千春逝夫悠,万秋日月一。偶作高台客,何由为君体?"诗意之美,反应之快,一时传为佳话。

田螺,又称中国圆田螺、黄螺、田中螺。田螺分布很广,在江河水库、泥塘、水田、沼泽、湿地等地方均有繁殖、生长。田螺肉质丰腴细腻,味道鲜美,清淡爽口,既是宴席佳肴,又是街头摊档别有风味的地方小吃,素有"盘中明珠"之美誉,深受城乡各地、男女老少居民的喜爱。

我们先人何时开始知道食用田螺,如今已无法考究。不过,在全国各地,至今却有不少田螺名吃,很受消费者们的青睐。据2004年9月14

水田

日大众网–生活日报报道：江苏无锡的“大田螺塞肉”，是把田螺肉和猪肉一起剁蓉，咸中带鲜，香气满口；广东人吃田螺，烹调时加以紫苏叶、蒜头，吃起来肉质嫩滑，咸中带鲜，香气满口，一些大酒家已将“炒田螺”列为席上佳肴；桂林阳朔的“酿田螺”，调料有切碎的薄荷，吃起来有薄荷香味；南宁街头摆螺蛳的摊子上有“汤田螺”和“焖田螺”，螺蛳肉都是爽脆可口；安徽芜湖有一款“雪里银”，是根据民间“生炒田螺”的吃法改制而成，洁白的芙蓉里嵌入银白色的颗颗螺蛳肉，装入盘中，宛如一幅明快典雅的图画。

螺蛳肉

田螺食法很多，既是高级宴席的佳肴，又是餐馆、排档的美食和消闲小吃、佐酒小菜，更是城乡人民喜食的家常美味。由于田螺是以细菌、腐屑、藻类及水生植物等为食饵，所以在食用前要注意卫生，首先要用加有少量明矾的清水暂养二三天，使其吐出腹中污物，然后取活田螺洗涤干净供食用。新安医学历来讲究饮食养生，讲究“因人、因时、因地”而食。螺蛳性味甘寒，凡消化功能弱者和老人、儿童，应当食有节制，以免多食会引起消化不良症。对于食欲不振以及消化不良的人，宜少食或不食，胃寒者应忌食，以防危害身体。《本草汇言》中也早有告诫：“此物体性大寒，胃中有冷饮，不宜食之。”

清明前后，婺源游客纷至沓来。这些知美、爱美、赏美的时代宠儿，一面陶醉于婺源的名山秀水，另一面也趁此机会尽情享受婺源的传统美食。让眼睛饱览婺源的山川灵异，让舌头饱尝婺源的饮食之美。这都是所有来婺源旅游的客人们，不虚婺源之行的主要原因之一。

这个时候，也正是婺源田螺丰满、肥美的时候，因为这个时节田螺还未繁殖，螺肉最肥嫩鲜美，是采食田螺的最佳时节。故此，在婺源民间，历来有“清明螺，抵只鹅”的说法。

婺源的田螺采自清可见底的田间，来自天然，更少污染，做食前，还要将田螺放在清水中，滴上菜油，漂养1—2天，彻底将田螺的鳃、胃、肠体内的秽物排漂干净，并除去泥土腥味，然后剪去其尾部，洗净，同葱、姜、酱油、料酒、辣椒、白糖同炒；也可煮熟田螺，挑出螺肉，拌、醉、糟、炝无不适宜；还可以烹制“腊肉蒸螺蛳”、“蹄髈炖螺蛳”等婺源特色做法。

腊肉蒸螺蛳，在婺源是最有特色的烹制田螺肉的菜肴。虽然如今遍布婺源街头巷尾的大排档上，每每都用“炒田螺”来招呼客人，一则是婺源人思想与时俱进，菜肴也与时代同步，不断翻新；二则是因为“腊肉蒸螺蛳”费时费力，不容易在街头摊点上随便烹制，以免浪费时间和影响传统名菜的形象。其实，不但是婺源，在全国各地都是一样，如今宾馆酒店、大排档上的“田螺”，并不是真正生活在田里的那种又肥又大的田螺，而是又细又小的河螺。品种不同，自然滋味也就大相径庭了。

婺源人烹制田螺，先将已漂净的田螺从水中捞出，然后用开水将田螺烫一遍，等田螺足底紧贴着的膜片“厣”(yǎn)脱落下来之后，再用针锥将田螺肉挑出来，掐断田螺的肠胃部分，洗净，沥干备用。再将腊肉洗净，切成细丁，和田螺肉、米粉、碎辣椒、精盐、姜丝搅拌在一起，搅拌均匀后，装入盘中，放入蒸锅，隔水烎熟。然后浇上熟油，放入葱花，即可食用。

“清明螺，抵只鹅”也绝非虚言，田螺的营养素成分较全面，对身体很有补益作用。据相关资料介绍：清明时节，螺蛳价廉物美，营养价值也颇高。现代科学证明：螺蛳营养素成分较全面，其中每百克含蛋白质11.4克、脂肪3.8克、碳水化合物1.5克，另外，还含有无机盐、维生素A、硫黄素、烟酸等，确实是水鲜品中的佼佼者。

田螺又是一种药用动物。据记载，田螺肉味甘、性寒，具有清热、利水、明目的功效。可以治黄疸，水肿，淋浊，消渴，痢疾，目赤弱障，痔疮，肿毒等疾病。《玉楸药解》中还说：“螺蛳清金利水，泄湿除热，治脱肛、痔瘘。”患有痔疮的人，适宜常吃螺蛳。

39. 火烘肉　火烘鱼　火烘大肠

在过去那种自给自足的小农经济年代，除了那些专门从事商业贸易的商人，其他人(特别是农民)是很少将自己家中多余的食物拿到市面上去交易的。婺源人也不例外。记得我五六岁的时候，我的家乡中云已经是婺源的大乡村了，但那个时候在“机关单位”上班的人，平时吃的菜也基本上靠自己种。偶尔看到当地农民种的时鲜蔬菜特别好想买时，当地人都会众口一词地说：自己种的，卖什么呢？觉得好就拿点去吧！久而久之，反而弄得这些“单位上”的人，再也不好意思开口了，只得平时自己去努力开荒种菜，争取在吃饭时不“咬筷子”(婺源俗语，咬筷子意思就是没菜下饭)。

地上种的素菜如此，栏里养的猪也是如此。即便是到了生产力高速发展的今天，婺源的农民，一般还是一年养一栏猪。年初仔猪下栏，年终肥猪出栏。经济条件较好的人家，出栏的猪基本不卖，所有的猪肉和猪下水全部自己留下，以供平时日常饮食。只有那些手头拮据的贫苦人家，才会无可奈何地将猪肉卖出一部分，以换取急需的钱币，添补家用。

太多的猪肉留在家中，如果不及时处置，时间长了就会变质腐烂。如果全部用精盐腌制起来，口味又会很贫乏单调。怎样才能将单调的食物品种变为丰富多样的盘中餐呢？我在前文中说过，这个问题是丝毫难不倒贤惠聪明的徽州女人的。她们会像变戏法一样，采用多种烹饪方法去加工同一个品种的食物，以满足每日三餐不可缺少的饮食需要，和规避“常吃无好物”的尴尬。比如在对猪肉处置上，她们就想出了风干、烟熏、腌制、火烘等多种方法，以供日常烹调之需。不但减少了在过去那种因储存条件落后而造成的损失，也为天天必不可少的一日三餐，带来了无尽的欢乐和意外的惊喜。

我虽有两个兄长，但大哥长我6岁，未满12岁时便因才艺出众，被选入县徽剧团，过着孤独而清苦的生活；二哥长我4岁，我还在读初一时，他便已经离开中云，到婺源二中读书，然后便去了南昌、厦门、北京。常年跟随在父母身边的，只有我这个平时与二位兄长极少见面的老三。虽然我在家里排行最小，但出身贫寒的母亲从不溺爱我，经常要我利用学习间隙做一些日常家务，并手把手地传授给我许多做农家菜的"秘诀"。虽然那个时候的我，和父母一起过着"上无片瓦、下无寸土"的生活，但因为我年少无知，且不知道考虑问题，所以倒也觉得很快活。我砍过柴、放过牛、插过秧、采过茶、烧过窑、修过马路，也有机会在母亲的指导下用火烘过鱼、肉和大肠。记得我的母亲曾经这样手把手地教我制作"火烘肉"：将刚刚宰杀下来的猪肉，用快刀刨尽猪毛、污垢，选取肥瘦相间的五花肉，切成一寸厚、四寸见方的块儿，先用盐将猪肉的两边搓一下，然后倒入酱油，用手抓匀，并整整齐齐地码放到大瓦缸中，用力压紧。一个星期或半个月之后，先找来一个因破损不能再装稻子的谷箩，在谷箩里面放上一盆红通通的炭火，再铲一些"糠"覆盖到炭火上面，让糠缓慢燃烧，以便散发出更多的烟雾。然后找来一只铁架，横在谷箩之上，铁架上还要稀稀疏疏地铺上一些干净的禾秆。等这些烘肉的必备程序都完成之后，便将腌制的猪肉从大瓦缸中重新取出来，放到米粉盆中，一边左右裹粉，一边将已经裹好米粉的猪肉平

农家饭桌

铺到禾秆上。

火烘猪肉

等猪肉铺满整个铁架(注意,猪肉所铺面积不能超出整个谷箩口的大小)后,再找一个头尖肚大类似斗笠一样的盖子(婺源话叫作“顿蠢”),将整个谷箩盖住,以便集中烟雾在盖子里盘旋、缠绕。走完这些程序,并不等于猪肉已经烘好。每隔半天,我还不能忘记做两件事:一是及时将烘在铁架上的猪肉翻边,二是要及时往火盆中添加糠粉,以便让火盆发出持续的烟雾。如此几天之后,等铁架上的猪肉全部变得色泽金黄,干燥香脆时,火烘肉的初加工,才算大功告成。

火烘肉制成之后,可以放入干净无毒的塑料袋中储存,也可以放入密封的瓦罐中保管。要吃的时候,拿出几块来装盘,随便放到电饭煲的坐屉里或者饭锅中的“饭甑沿”上,�娄上15分钟左右,即可食用。�娄好的火烘肉,外脆里嫩,肥而不腻,满口油润,特别解馋。连裹在肉上面的米粉都非常好吃。不但有嚼头,而且很下饭,最特别的是那一股清香,闻到之后让人会有一种禁不住流口涎的疯狂。

“火烘肉”为什么不叫“火烤肉”呢?这也是有讲究的,第一,是那火盆中不能出现明火,只能让糠细细燃烧,利用烟雾带来的热量将肉慢慢地“烘”,不然会将猪肉烤焦。第二,架子上的猪肉,烘到油出来的时候,肉油就会落到火中“滋滋”响,然后又变成烟雾往上熏,如此反复,铁架上待烘的猪肉会有更多的香味。第三,用来烧糠的炭火很重要,也很讲究。必须是松枝烧出来的炭火,才能让猪肉多出一种松子的清香。这种异样的清香,是其他炭火无法奏效的。

火烘鱼的制作方法,和火烘肉大同小异,只有稍微的不同。制作火烘鱼时,将鱼剖肚、去肠、洗净、沥干后,可以直接搓盐裹粉,放到铁架上去烘，而不必等腌制一个礼拜之后。烹饪时，既可以直接将火烘鱼放到饭锅里清蒸，也可以放点婺源本地产的辣椒壳和火烘鱼搅拌在一起清蒸或者清炒。无论是清蒸还是清炒，味道都与其他新鲜的鱼大不一样，相当不错。

在婺源，还有一种“火烘大肠”，也是目前许多人难以尝到的佳肴。将大肠洗净并里外翻转一遍以后，照样搓上盐巴、酱油，并按照火烘肉的制作方法如法炮制，直至烘干。要吃的时候，除了将火烘大肠和火烘肉一样放到盘子里清蒸以外，还有一种滋味更佳的烹饪方法：将火烘大肠取出，切成二三分厚的圈备用；再用手抓一把婺源产的辣椒壳，放到水中洗净、沥干。然后，烧热铁锅，注入适量的柽籽油，将切好的大肠和洗净的辣椒壳一起倒入锅中，快速翻炒（翻炒期间，不可往锅中加水），并加入一点点姜末、蒜泥，一直炒到锅中“狼烟四起”、非常呛人的时候，才能起锅装盘。这样爆炒出来的火烘大肠，色、香、味、形，无一不美，既可下饭，又可佐酒，真乃最美乡村中的最美风味。

随着城市化进程的不断加快，婺源城里如今要吃火烘肉、火烘鱼、火烘大肠也越来越难，必须仰仗乡下的亲戚朋友帮忙，才能吃到可口、放心、纯正的火烘鱼肉制品。虽然偶尔也能看到菜市场中有火烘肉、火烘鱼等火烘制品出售，但熟悉内幕的好心人告诉我，那些火烘肉、火烘鱼，不是用糠烘的，而是一些不法商人采用燃烧谷壳、木屑甚至煤炭的方法烘制出来的，食过之后，不但没有昔日火烘鱼肉的美味，而且还对人体造成伤害。听到这样的话之后，我心中非常的惆怅：什么时候我们的商人变得这么丧心病狂？什么时候，蜗居在城市中心的我们，才能吃到既放心又温馨的火烘鱼、火烘肉和火烘大肠呢？

40. 黄瓜钱

刚刚写下“黄瓜钱”这三个字，我心里就犯嘀咕：会不会有不明真相的读者，抱怨我信口雌黄呢？是啊，从小到大，我们只听说过金钱、银钱、铜钱、铁钱、铅钱、贝壳钱、鹿皮钱，外国人使用的洋钱，以及我国唐代诗人张籍在《北邙行》中提到的：“寒食家家送纸钱，乌鸢作窠衔上树”的纸钱（给故人烧的冥币），从来没有听说过“黄瓜钱”。这世界上哪里有什么黄瓜钱这种“钱”呢？

不过，我要告诉大家的是：在市面上，确实没有可以用来流通使用的“黄瓜钱”，但是，在我们空气和水里都流淌着朱子思想的“灵奥名区”婺源，却有一种在日常饮食中让人看了以后怦然心动的可以吃的“钱”——黄瓜钱。

顾名思义，黄瓜钱就是用我们日常生活中再平常不过的蔬菜黄瓜加工而成的。这个原产于喜马拉雅山南麓、被我国汉代伟大的探险家、旅行家和外交家张骞出使西域带回中原的“胡瓜”，由于适应性强，加上对土壤和空气的要求不高，被广泛栽种于我国各地。如今，黄瓜不但成了人见人爱的大路蔬菜，同时也被那些尚美、爱美之人恣意地钟情、宠爱着，甚至成了一些女人每日不能缺失的美容法宝。

婺源人喜欢黄瓜，主要喜欢黄瓜的绿叶素荣，喜欢黄瓜的入口生津。劳作之余，随手摘下一根黄瓜，一边咀嚼，一边享受劳动带来的快乐。放下书本，走近挂满黄瓜的篱笆，那碧绿的黄瓜叶、淡黄的黄瓜花，瞬间就能将你那双因长时间读书而略感胀痛的眼睛，纾解得清澄明亮。既能解渴又能充饥的黄瓜，在婺源又叫“生瓜”，是一种经常被农民用来补充体内水分不足的“水果”。这种遍地都是的水果，无论种在地里还是挂在藤上，路过的人随手摘一根（或拔一颗）用来解渴充饥，是不会受憨厚淳朴的农人责怪和谩骂的。因此,在婺源,又有“生瓜萝卜,不怕人捉。萝卜生瓜,不论谁家”的民谚。

那么,什么是黄瓜钱呢?黄瓜钱,就是将整根黄瓜切成薄片并晒干的一种黄瓜干,因为从整根黄瓜上切下来的黄瓜片酷似古时候的铜钱,所以就被命名为“黄瓜钱”并一直沿用至今。晒制黄瓜钱的方法并不复杂:在一个天高云淡太阳高悬的大晴天,将干净粗壮的黄瓜,切成1厘米左右厚的薄圆片,然后放到干净的竹簟上晒至七八成干,就成黄瓜钱了。

晒至七八成干的黄瓜钱,只能用于菜肴的现制现炒,而不能用来储存。因为只有七八成干,黄瓜钱里还有不少水分,如果长期存放,含有水分的黄瓜钱就会发热、发霉、变质而不能食用。如果你真的想把黄瓜钱的美味一直延续到冬天甚至更长,那就必须将黄瓜钱彻底晒干,让水分完全蒸发掉。

取七八成干的黄瓜钱一盘,配以婺源人家特制的“虫菜”适量,并佐以辣椒、蒜泥、姜末等作料,一起倒入已经烧热的铁锅中爆炒,时间

古桥

不长，一盘清香扑鼻、黑白分明且吃起来清脆爽口的素炒黄瓜钱，就马到成功了。炒熟后的黄瓜钱，能够刺激消化液的分泌，并产生大量消化酶，可以使人胃口大开。而且，因为黄瓜钱是从整根黄瓜里直接切下来并在太阳底下经过暴晒且未遭任何色素、添加剂等“污染”的，因此完整地保持了黄瓜特有的那种苦味素，不仅能够健胃，增加肠胃动力，帮助消化，清肝利胆和安神，还可以防止流感。特别适应那些因患疾病或年老体衰等原因食欲不振的人群。

婺源人吃黄瓜，喜欢清清爽爽，除了直接将黄瓜“素炒”和“水煮”之外，一般不喜欢将黄瓜和其他食品混在一起烹制。走遍婺源的大小村庄，无论是小康之家还是贫寒之门，这种现象比比皆是。然而，“黄瓜煮泥鳅”这道菜，却因为它的清新爽口、营养丰富成为例外，成为婺源人日常餐桌上极受欢迎的另一道民间美食。

取光洁饱满的黄瓜两根，去皮并从中间对半剖开，洗净黄瓜子，并将黄瓜切成厚薄适当的菱形。先让黄瓜在热锅中爆炒一段时间，然后加入清水。在放清水的同时，将已经在家中水桶里放养了好几天的泥鳅(泥鳅以不超过4寸长为好)，也一并放入，并迅速盖上锅盖(如果不迅速盖上锅盖，泥鳅会因为水烫而跳跃出来的)。一两分钟后，加入蒜泥、姜末、料酒和少量猪油膏，继续用文火慢煮，一直煮到汤色浓稠、泥鳅黄瓜均已十分熟烂后才出锅装盆，并撒上葱花。

这样煮出来的黄瓜肉质鲜嫩，汤香浓郁，味道鲜美，口味极佳，具有很好的进补和食疗双重功效。不但对解渴、醒酒、小便不通、壮阳、收痔等有一定药效，而且特别有益于老年人及心血管病人。不过，据我的诗友兼首席健康顾问程剑峰中医师说，吃泥鳅的时候不能同时吃狗肉，因为泥鳅与狗血相克，同食会引起中毒。

据说，黄瓜最初为野生，瓜带黑刺，味道非常苦，不能食用，后经长期栽培、改良，才成为脆甜可口的黄瓜。又据说，黄瓜原来在西域时是被称为“胡瓜”的，五胡十六国时后赵皇帝石勒忌讳“胡”字，汉臣襄国郡守樊坦将其改为“黄瓜”。而广东地区因忌讳同桌吃饭时有姓黄者，黄瓜乃姓黄者瓜老衬(死去)之意，又取其青色改为“青瓜”。

41. 查记米酒

“绿蚁新醅酒，红泥小火炉。晚来天欲雪，能饮一杯无？”唐代大诗人白居易的这首《问刘十九》，把人带入了一个美酒新酿，雪夜邀饮，共诉衷情的温馨气氛中。

因为钟灵毓秀、人杰地灵，自古以来，婺源不但有“书乡”、“茶乡”的美誉，也有“徽墨之乡”、“砚台之乡”、“傩舞之乡”、“徽剧之乡”等众多殊荣。但是，在我看来，婺源在众多的美誉当中应该还要加上一誉“酒乡”！一个人口不到36万人的山区小县，却拥有规模以上酿酒企业7家，私家酒坊1家，其他家庭作坊几十家，不是酒乡是什么！更因婺源山青水澈，空气清洁，环境至今保持原生态，因此婺源酿制出来的酒也很醇美。不但品种繁多，渊源深厚，而且酒体丰满，甘洌爽净，香气悠长，深受江、浙、徽、沪一带消费者的欢迎。

婺源在唐初建治以后，通过几百年的经营与发展，逐步进入经济与文化相对平稳的发展时期。作为当时生活中的奢侈品“酒”，因为婺源山高水冷，需要驱寒除湿等原因，却早早地进入当地寻常百姓人家，成为当地乡民不能缺少的生活物质。仕学商贾、乡野村夫无不饮酒成风，以酒为乐，甚至家庭主妇、大家闺秀，也会以酒交友。更由于区域社会的开放，官家并未禁止私酿，家家户户都可以酿酒。遍布全国的徽商和官仕们都有很深的思乡情结， 习惯将亲人用家乡的泉水酿制的佳酿，载往五湖为官经商的地方。于是在古代的文学作品中，也隐约散发着徽州美酒的芬芳。如清人《新安竹枝词》中即有“烟村数里有人家，溪转峰回一径斜。结伴携钱沽夹酒，洪梁水口看昙花”的句子。

古时的婺源，酿酒一般是在中秋前后。新糯收割完，家家户户就开始忙于米酒的酿制，并以酿得一缸好的米酒而自豪。为什么说是“一缸”而不说“一手”呢？因为当地有“熬糖做酒，没有老手”的民谚。意思是说因为一般的家庭酿酒的量不是很大，而且也不是专业的酿酒师，酿酒存在着很大的偶然性。然而逢事只有相对，而无绝对。在众多业余酿酒之家，随着自身手艺的精进和社会的需求，于是也顺势涌现出了许多世代以专业酿酒为生的私家酿坊。这些私家酿坊，专门为官家、大户以及宗族、祠堂酿酒，并常年为酒馆及南货店供应酒水。在共和国成立之前，婺源几乎村村都有这样的私家酿坊。但随着白云苍狗，沧海桑田，历史上这些曾经辉煌的一页，或因生产力低下，或因粗放式管理，或因生产许可等原因限制，却逐渐被新时代特有的符号所代替，逐渐消失在人们的记忆之中。

作为徽州酿酒的活化石，由浙源凤山查氏西门二十三世祖查震高的第七代孙查帮秈创立于雍正年间的查记酒坊，凭着精湛的工艺，不变的品质，灵活的经营与良好的信誉，在婺源生根开花达三百多年，至今仍保持着蓬勃的发展生机。据有关资料显示，查记酒坊是现今婺源乃至整个徽州唯一一家保留完整的私家酿坊，至今仍然用传统的酿酒工艺酿制米酒并受到越来越多酒客的欢迎。漫步风景迷人的婺源，到处都可以看到查记酒坊那古朴而清新的靓影：在李坑的申明亭下，在庆源的圆镜山前，在晓起的幽幽古巷，在江湾的永思广场，在长溪、汪

酿酒

查记名酒

口、思溪、延村以及远在黟县的西递、宏村，绩溪的龙川等地，都有查记米酒那设计统一、风格典雅的销售门店。看一眼古老美丽的飞檐戗角抚今追昔，喝一口淡雅醇和的查记米酒消困解乏，无论你是久居此地的土著居民还是来访的学者、游客，都会情不自禁地油然而生一股浓浓的惬意。

在以唐代诗人李白“两岸夹明镜，双桥落彩虹”诗而命名的美丽彩虹桥头，我们遇到了正在热情招呼顾客的查记酒坊掌门人查永红先生。闲聊之中，我有幸获知了查记酒坊的传承脉络，从第一代清朝雍正十二年的查帮秈开始，到第二代的查道本，第三代的查本美，第四代的查思高……第八代的查金瑞，第九代的查顺盛，第十代的查厚光，一直传到今天的第十一代查永红，查记酒坊整整传承了十一代！真是薪火相传，百代不衰！

跟随着查先生那滔滔不绝且抑扬顿挫的声调，我们有幸了解到查记酒坊的整个酿酒过程。我们发现查记酿酒的工艺流程中，有许多鲜为人知的独特方法以及器具和原料。从制曲到最后出酒完全是自己家传的独门绝活。其中药曲的制作和天锅收酒技艺更是自成一家，独领风骚。翻阅查记酒坊至今幸存的酿酒、窖酒、售酒等文字资料，我认为查记酒坊的发展历史，简直就是一部完整浓缩的古徽州私人作坊酿酒史，见证了古徽州酿酒业的千年风雨和曾经的辉煌。

据查永红先生介绍，酿造查记米酒，必须先通过除杂、淘洗、粉碎、裹粉、搓丸、配料、培曲、干燥、成品等九道工序制成酒曲，然后再选用优质的珍珠糯米，经过除杂、淘洗、浸泡、蒸饭、拌曲、摊饭、落缸、陈化、成品、发酵、榨酒等十一道工序后，才能制成醇正绵甜让人喝后“一醉解千愁”的查记米酒。在繁复的酿制过程中，选料要讲究，落缸要有法，发酵要到位，陈化要保证……

“桃花雪曲”是众多查记米酒品种中的一种，这种酒头年冬季发酵，至来年桃花盛开时蒸酒。去头掐尾，只取中间一段，酒度在50度左右，酒色清亮；酒香以米香为主，清醇自然。最主要的优点是入口绵柔。天然米香，不辣喉，不上头，不燥口，不宿醒。其中前段酒头又另称“原烧酒头”，酒度能达到70度，但入口照样柔和。酒力上得快，过得也快，实为烧酒中的极品！放眼店中陈列的其他品种，还有三笋醴、香雪酒、桂花冬雪酒、血糯酒以及野生山果酒系列的猕猴桃酒、青梅酒、杨梅酒等，我的诗友兼酒友王远存说：“是不是我们将这些都搬回家去，每天不同品种换着喝？”

“青山脉脉水潺潺，酒坊幽幽古木香。发酵封缸多用巧，选粮定曲不逞强。家传绝学开新境，客品佳醪忆大唐。人物风流无定数，市场争战赖优良。”(《江南杰·题查记酒坊》)随着我国经济的平稳发展和旅游业的不断扩张，很多来婺源以及黄山旅游的客人，都以品尝查记米酒为一大要事、一大乐事，先后有不少名人彦士慕名购买。香港的曾荫权，北京的刘延宁，2013年9月13日来安徽绩溪龙川老家祭祖的前中共中央总书记、国家主席、中央军委主席胡锦涛，都曾经在查记酒坊参观并品尝、购买过历久弥香的查记米酒。

42. 婺源糊

在婺源,“糊”和“糊菜”是不一样的。“糊”,是以大米粉为主要材料并掺入其他蔬菜或肉末等材料,通过“搅拌”这一特殊方式烹制而成的一种能充饥的主食;糊菜则是婺源菜谱中非常普通的一种佐酒下饭的菜肴。在婺源方言中,婺源糊的“糊”字念(wú),和“无”字是谐音,作名词用;而婺源糊菜的“糊”则是念(hù),和“户”字是谐音,作动词用,是将某某蔬菜烹制成某某菜肴的意思。

不可否认,在过去食物相对比较单调和短缺的婺源,“糊”在婺源是与米饭、面条等食品一样,在人们日常饮食中占同样重要位置的一种食物,虽然“糊”在平时并不是随随便便可以吃到的。记得小的时候,大凡有下列几种情况母亲都会搅“糊”给全家人吃:天天吃米饭,想调一下家人的口味,搅“糊”吃;家里没有现成的蔬菜可烹制,搅“糊”吃;胃口不好,不想吃饭,搅“糊”吃;家有病人,要吃比较容易消化的食物,搅“糊”吃;甚至有时候托人夜里帮忙锯柴火,写凭据,讲“和”等,也要搅“糊”吃……总之,“糊”,不但是整个婺源农妇显示厨艺的一个手段,同时也是调理家人胃口的一个有效方法。

婺源人搅糊,没有太多的讲究,无论是刚刚从菜地里采摘来的新鲜蔬菜,还是已经在干燥黑暗的瓶瓶罐罐里睡了半年觉的干货,只要是符合搅糊的基本要求,都可以作为原材料用来搅糊。我的母亲就经常用干菜豆荚(干长豇豆)和豆腐搅糊。动手搅糊之前,母亲先将干菜豆荚泡到水里发开,然后切得很碎;又将滑嫩酥软的豆腐同样切成极细小的“丁”;同时将姜切成末,蒜剁成泥,并切碎少许香葱和辣椒。在这些材料都准备好以后,母亲才去将锅点燃,并将干菜豆荚和豆腐倒入锅中,稍作煸炒,便加入蒜泥、姜末、辣椒和精盐。煸炒二三分钟后,即往锅中注入一大锅清水，让水和锅里的菜一起在熊熊的烈火中由冷变热，由烫变滚。等锅里的水彻底沸腾之后，母亲左手撒米粉，右手握锅铲，一边均匀地撒粉，一边持续地搅拌。就这样，在母亲的一搅一撒之中，锅里的液体慢慢地变成了汤，变成了羹，最后才变成了糊。变成糊后，母亲并不急着将灶窟窿(婺源俗语，锅灶)里的火熄灭，而是继续让糊在锅里加热。母亲说，这么做的目的，是让米粉彻底煮熟，以防夹生。等糊变得十分黏稠之后，母亲才不慌不忙地熄灭余火，并往锅里的糊面上撒上一把翠绿的香葱。

糊搅熟后，并不出锅，家里的人要吃都是自己到锅中去铲的。因为糊是当饭吃的，因此你想吃几碗就吃几碗，不用担心不够。因为在搅糊的时候，母亲早就根据每个人的食量做了精确计算，并适当放宽。一般来说，只会多不会少。用婺源话说，是不会让你吃得“舔皮弄舌”的(舔皮弄舌是婺源俗语，意思是美味不多，吃过之后还想吃，却已经没有了，心里很不满足)。

除了干菜豆荚、豆腐可以搅糊外，豆芽、香菇、冬笋、油渣、米虾、笋干、木耳、腊肉丁、压碎的花生米以及切得很细的干萝卜丝等都可以作为搅糊的材料。而且，在婺源有这么一种心照不宣的看法，搅糊的作料

晒黄豆

越多,说明这家人的生活质量越高,反之,作料越少,就说明这家人过得并不怎的。因为在物质相对短缺的过去,手头不宽裕的人家是不可能去买香菇、冬笋、米虾等这类珍贵原料来搅糊的。

在我的老家中云,曾经有过这么一对年轻夫妇,因为从父辈手中没有继承任何财产,却还要承担大量的债务。因此,这小两口虽然省吃俭用,拼命赚钱,日子却过得相当清苦。好几次我去他们家玩,撞见他们只吃"米粉糊"一道菜下饭。因为那时我还是一个读小学的孩子,所以他们对我也不避嫌,反而语重心长地对我说:"明仂,要好好读书啊!多读书好赚钱,长大以后千万不要像我们这样吃'米粉糊'哦!"

吃米粉糊,是件难以启齿的囧事,因为米粉糊,虽然也是糊,却是贫寒人家的专利,只要日子稍微过得好一点的人家,是不会轻易吃米粉糊的。米粉糊中没有任何作料,除了一点点虫菜与咸味外,全部都是米粉。这样的糊,有几个人愿意吃?有几家愿意吃呢?

糊,因为在烹制过程中掺和了大量的水,因此相对于米粉和面条,糊是不怎么抵饥耐饿的。因为不抵饥,所以婺源人吃糊,一般都会安排在下雨下雪不用出门干活的天气。不知道是因为糊好吃,还是人的肠胃更喜欢装这种用米粉蔬菜一起搅起来的糊,总之,无论是谁,吃糊与平时比吃米饭的食量似乎都要大一些。平时吃一碗米饭就已经饱了的人,糊至少要吃两碗以后才觉得微饱。众所周知,只知道吃饭而不会干活的人被称为"饭桶",是带有厌恶和训斥含义的,而在古徽州婺源,吃糊超出一般常人食量人和经常搅糊吃的人,虽然也被村人邻居称为"糊桶",但这绝没有半点的挖苦,有的只是善意的戏谑与调笑。

因为糊和"无"是谐音,因此搅糊吃也就等于"没菜吃"的代名词。隔壁邻居串门,无意中遇到人家搅糊吃的,都会体谅地说"搅糊好啊,我家也经常搅糊吃的。糊,既好吃又爽口"。说话间,还会顺手接过主人递过来的糊,吸溜吸溜地吃起来。不过,如果谁瞎掺和将必须要做的事情搞黄搞砸了,也会拿糊说事,"这个人做不了事的,就知道搅屎糊!"这时候的"搅屎糊"就没有"糊桶"那么让人听得轻松悦耳了!

话说到这里,有关婺源糊的语句似乎应该结束了。不过,我还想就"婺源糊"和"婺源糊豆腐"之间的关系,替本文的读者们做一点甄别:

婺源的“糊”，和婺源的“糊豆腐”是两种截然不同的食物。首先，“糊豆腐”是一种以豆腐为主要原料，同时辅以少量其他作料烹制而成，用来佐酒下饭的“糊菜”，是形形色色菜肴中的一种；而“糊”则和大家伙平时吃的面、米饭、玉米等一样是“饭”，是一日三餐中的主食之一。其次，“糊”是将几种适宜“搅糊”的蔬菜均匀地组合在一起，虽然在“糊”里面也有豆腐，但“糊”里的豆腐并不是必不可少的，并不是所有的“糊”里都必须要有豆腐。这次搅糊，可以用豆芽、豆腐；下次搅糊，也可以用香菇、菜豆荚、米虾等。而糊豆腐则不然，没有了豆腐的糊菜，还能叫“糊豆腐”吗？

43. 清明粿

清明粿，是婺源一种以籼米、糯米、野艾、粿花为主要原料，用豆腐、萝卜、韭菜、猪肠、腊肉、笋干做粿馅，然后做成各种样式的具有浓郁地方特色的点心小吃。因为过去做这种点心小吃时一般都选在清明前后，因此被冠以“清明粿”的雅称。

清明粿，按照婺源对地方上的传统称谓习惯，思口镇以东及以北地区称为“东北乡”，思口镇以西及以南地区包括婺源县城则称之为“西南乡”。地域不同，不但人们的风俗习惯与忌讳不一样，就连用同样材料做出来的点心、小吃的形状与名称也不一样。比如做“婺源糊”这道菜，西南乡人称“搅糊”，东北乡人则称“搅菩汤”。清明粿也不例外，东北乡人做的清明粿呈圆饼状，像一轮中秋十五的满月；而西南乡人则将清明粿做成两头尖中间饱满的“饺子”状，像一艘正在水中自由游弋的扁舟。

为什么要选在清明节前后做这种风味独特的小吃呢？主要原因之一是具有其他物品不可替代地位的野艾、粿花等野生植物，只有到了清明前后才会出现并被人们采摘与利用。时间太早，这些被用来调粉染色的野菜还没有来得及破土发芽、枝肥叶茂；时间太迟，这些天然植物又会茎老叶黄，不便烹调。因此，经过古代婺源人反复多次的实践，一年之中的清明前后，才是吃清明粿的黄金季节。

清明粿很好吃，不但味道清香，而且因为掺入了大量的野艾、粿花、肉丁、糯米等营养物质，所以还有一流的滋补与消炎、护肝、促消化等作用。但“樱桃好吃树难栽”，香气撩人的清明粿虽然色香味形俱全，看一眼就足以勾人口水，但包清明粿却是一件费时费力的活儿。有些人家，因为包清明粿的数量较大，不但每年都会请隔壁邻居来帮忙，而且由于包清明粿的时间过长，经常会让人腰酸背胀脖子痛地难受，甚至有人还会因坐得太久而感到“屁股痛”。

清明粿

酸归酸，痛归痛，但那一个个浑身饱满通体碧绿且香味诱人的“人参果”，是不能不包、不能不吃的。于是，每逢三月三那个花红柳绿令人心醉的季节，婺源家家户户的少女健妇甚至老少爷儿们，纷纷走出家门，去田边地头寻找并采摘那娇嫩翠绿的野艾与粿花，以便做好包清明粿的前期准备。采摘回来的野艾、粿花等，要择去杂草，掐断黄叶，洗净泥灰，然后放入锅中，加井水或者泉水一起煮汁。等墨绿色的野菜汁煮好以后，将野艾、粿花等草渣捞起，另作他用，然后将绿波盈盈的汁用器皿装起来，以备揉粿粉掺和时用。然后，细心地将腊肉、火烘猪肠、萝卜、笋干、豆干、豆芽、野藠、蒜头等用来做果馅的辅料切细，加入适量的油、盐、味精、辣椒等调味品，一起下锅炒熟并装盆，以备后用。

等包清明果所必需的粿汁、粿馅都准备好了以后，就要动手磨制做清明粿所必需的粿浆了。将在头一天就已经用水浸泡好的籼米、糯米，一起放到石磨上去磨，使晶莹的大米变化成乳白色的粿浆。然后，加入粿汁一起倒在锅内，通过“煮”、“搅”、“熬”、“翻”等不同程序，“慢火炖猪头”地将一锅米浆变成干糊、“面团”。最后，将黏滋滋的面团从锅中移到干净的木盆内，继续用手不断“揉”，直至面团全身受力均匀，韧性十足。然后再将面团用手切割成一个个大小均匀的“粿胚”，将果胚打成薄薄的圆形“粿皮”，最后，将已经炒好的粿馅取来，一点一点地装入粿皮并捏拢成形。这样，一个个绿意莹莹的“清明粿”便初具雏形了。在捏拢粿皮这个过程中，西南乡的婺源的人一般会将粿皮捏成细细的水浪波纹，成饺子形状；而身居东北乡的婺源人，则会捏成硕大的月饼形状。千百年来，这种与生俱来的习俗一贯如此，未受任何人为或自然因素的影响。在一个人口不多面积不小的县内，竟存在如此泾渭分明的习俗，真应了“五里不同腔，十里不同俗”的徽州古谚。

清明粿做好后，依次移入“米筛”或“蒸屉”内，然后放在蒸笼或大锅内去蒸。蒸的时候，火力要足，火苗要旺，五六分钟后，等锅中大气弥天，清明粿就可以出锅了。笼盖打开，一笼清香四溢、青翠逼人的清明粿就出现在你的面前，看得人直吞口水。这个时候，你千万不要急着下筷，千万要记住“性急吃不了热豆腐”的古训。你应该先用蒲扇在蒸笼上面扇上几扇，让刚出锅的清明粿散发一下灼人的温度，同时也让清明粿发出更加发亮的油光和发挥不粘不黏的作用。只有到了这个时候，你才能让自己早已如饥似渴的味蕾享受到清明粿最正宗的清新与爽口。

清明粿包也包了，吃也吃了，但为什么要包清明粿这个问题，过去却弄得许多作为清明粿故乡的婺源人，抓耳挠腮，说不出一个令人信服的子丑寅卯来。白云苍狗，沧海桑田，如果真要找一个能为清明粿正本清源的人出来，估计真要有白居易那种“上穷碧落下黄泉”的超级功力了。不过，通过细致的研究与缜密的推理，有心的婺源人已经从婺源的清明扫墓活动中发现了线索：几乎没有哪一个土生土长的婺源人不

老宅

是用清明粿作为祭品去祭奠先祖的！

在过去的徽州，清明扫墓，叫作“挂钱”。清明挂钱，是当地人一年当中不可轻视的大事。有一首《新安竹枝词》是这样唱的：“鼓吹喧阗拥不开，牲拴列架走舆台。问渠底事忙如许，唐宋坟头挂纸来。”同理，在曾经归属徽州管辖八百多年的婺源，也有句流传了几百年的谚语：“不带儿孙拜年，要领儿孙挂钱。”凡婺源人，无论你人在何方，无论你官居几品，春节可以不回家与亲人团聚，清明必扶老携幼地回老家挂钱！挂钱时男女有别，男丁挂的是白纸钱，女眷挂的是红绿纸钱。感情深深深似海的徽州婺源人，自古到今都怀有这么一种无法抗拒的执着。另外，从婺源发现的一些记录过去“冬烝”、“春祀”等活动的典籍文集中，也不乏记载清明粿的踪影。因此，我们完全有理由认定，清明粿的前身，其实就是一种祭品，是一种用来祭祀祖先寄托哀思的婺源民间“圣物”。

在过去的婺源，各村基本上都是聚族而居，各家族都有自己的清明会，每年由族内各房的房长轮流主持，承办祭祖的全猪、全羊、全牛三牲供品和族人的伙食。在祠堂中做清明，祭祀时一定要有隆重的仪式，仪式结束后，合族人聚集一堂，分享祭品与专门准备的酒食，叫作“吃清明”。从此，曾经作为祭品的清明粿摇身一变，又香味隽永地从庄严肃穆的祭坛走入了寻常百姓的餐桌中，并一直让婺源人享受无穷。

记得儿时的时候，我的父母每年清明前后也要包清明粿，而且每次包清明粿的量都很大，动辄三四百个。这些清明粿，一部分留作自家平时食用，另一部分则全部用来送给亲戚邻居及个别孤寡老人。在包清明粿的整个活动中，母亲是最忙的。她既要“磨浆”，也要“搅浆”，还要准备着各种配料。当我们做好了一些清明粿时，她又要把它们整齐地摆放在竹筛上，然后放入大锅中去蒸。正当我们做得感觉有些累的时候，刚刚出锅的清明粿又像久旱中的雨露那样摆到了我们面前，挑逗着我们的兴奋。用筷子夹起一个飘溢着野生植物特有香味的清明粿，轻轻放进嘴里一咬，顿时满嘴飘香。三月的婺源天气还是较冷，我们大家一起围坐在火炉边烤火，唠着家常，一边慢慢地包着象征圆满和谐的清明粿，那种感觉，如今想来，真是充满了无限思念的温馨与快乐。

44. 馍粿

馍粿，又叫馍糍果，是徽州婺源人普遍喜欢的、拿在手上很黏吃在嘴里很香的一种食品，也是一种记忆着婺源人们酸甜苦辣的古老食品。

谁也无法说清楚婺源人是从什么时候开始吃馍粿的。一代又一代的婺源人,无论是“炙手可热势绝伦”的显贵还是“牛衣豕食退菁华”的平民,谁也无法拒绝馍粿对肠胃的诱惑,即使到了“千元酒”、“万元菜”满天飞、鸡鸭鱼肉都已让人感得寡然无味的当今,人们依然默默而热切地盼望着那依旧保持着原始黏性与甘甜的馍粿。

我自小在农村长大,在我看来,农村里的馍粿远比县城里的馍粿够劲、够味。在过去的婺源城乡,馍粿并不是婺源人日常生活中的主食。大凡只有在村里有人结婚、生日、竖屋、乔迁、金榜题名等“做好事”的时候,才会有吃馍粿的机会。村里谁家“做好事”,都会委托一人至二人在吃中午饭之前,挨家挨户去喊隔壁邻舍、亲戚朋友、长辈老人们去他家吃馍粿。在婺源人们的心里,馍粿好像成了“做好事”的代名词。无论是谁,一看到馍粿,就会情不自禁地问“又有谁家做好事”?那神态,那情景,无不让人隐隐觉得这馍粿的来之不易。

“油菜花残麦穗长,家家浸种办栽秧。社公会后汪公会,又备龙舟送大王。”(《新安竹枝词》)除了“做好事”时有馍粿吃以外,平时想馍粿吃,就只能等到村里举办祭社公、抬汪公等一些地方上的“兴会”(婺源俗语,意思指“人多而热闹的活动”)的时候去解馋了。因为在婺源乡里,一直都有办“兴会”吃“点心”的习惯。为了犒赏慰问那些在“兴会”过程中出了力、有贡献的人,村里一般也会专门组织人员打馍粿吃。大人们做事辛苦了吃馍粿,孩子们届时也可以趁机跟着分一瓢羹。都是一个村里的人，谁会为了一两个馍粿而去为难一个不懂事的孩子呢？于是，大人们打馍粿，我们“细人”（婺源俗语，小孩）就围在旁边凑热闹，一旦馍粿扎好，扎馍粿的白胡子爷爷就会笑眯眯地递一个馍粿过来。捧着刚刚扎好的馍粿，一边走一边吃，那暖烘烘、软绵绵、甜滋滋的滋味，至今都是我那历经一万多个日夜的记忆长河中极为晶莹璀璨的一朵浪花。

要吃梨子，必须先种梨树；要想吃鱼，也必须先行结网。因此，要想吃馍粿，就必须有人先打馍粿。在古老的婺源乡音里，做菜被称为“弄菜”，包清明粿被称为“做粿”，扎馍粿则被称为“打馍粿”或“舂馍粿”。打馍粿历来是一件很吃力很费劲但也很能彰显个人魅力的体力活。在婺源，打馍粿的两位“打手”，一般都由十八九岁或二十出头且腰功非常过硬的“青头郎”（未婚男子）充当，女人、弱不禁风的“芝麻秆”以及那些已经“破身泻阳”的人、犯了“腰椎劳损”、“佝偻”等病症的“三等残废”，是绝不可以胆大包天地去滥竽充数的。因为打馍粿是真功夫，体力不支的人一上场马上现原形，大木槌还没有甩几下，人就已经累得站都站不稳了。所以，在婺源农村，打馍粿也是衡量小伙子身子结不结实的一个重要途径。一般打馍粿打得时间越长的人，说明他的身体素

打馍粿

扎馍粿

正在蘸芝麻的馍粿

质越好,也往往越有希望娶到称心如意的老婆。

婺源馍粿,真要做起来也不是那么简单的:先要将糯米洗去杂质,浸泡一天以上,然后滤干水分,并放入饭甑中大气蒸熟;视石臼大小将蒸熟的糯米饭分次倒入石臼中,然后一人坐在石臼边照应,防止糯米饭被舂出石臼;另外两个“青头郎”轮流上阵,一上一下地用丁字形的大木槌用力捶捣。糯米黏性很强,击打也非常吃力,即使是寒风冷冽的大冬天,打馍粿的汉子光着膀子都会出汗。

糯米捣成胶泥以后,打馍粿的汉子便可以鸣金收兵了。这个时候,就应该轮到扎馍粿的人粉墨登场了。扎馍粿的角色一般由经验老到的中年人或者老年人充当。他们凭借多年来扎馍粿的技巧,一边用手蘸清水,一边在石臼中趁热揪出一个个拳头般大小相同、形状一致的米团,放入盘中。这时的馍粿,已经可以食用了。刚才还黏稠得无法脱手的一臼糯米泥,在他们的手中却非常顺滑,变戏法般变出一个个雪白晶莹的珍珠,给人以视觉与味觉的味美享受。

在婺源,扎出来的馍粿又可以分为黑馍粿与白馍粿两种:刚才说过,白馍粿经扎出来后,不好甜的人可以直接用筷子夹起来吃;喜欢甜食的人,也可以夹着馍粿蘸点白糖一起吃。黑馍粿是先将扎出来的白米团,放入已经炒熟并碾碎的芝麻粉里打个滚,待馍粿全是都蘸满芝麻后,再用筷子夹起来放在一旁。这种馍粿制作成本相对较大,一般不给食客们当场食用,主要用来送给没有来得及参加吃馍粿行动或者更加珍贵的客人。

因为只有“做好事”才打馍粿,因为“做好事”要邀很多人来吃馍粿

(在一些人口不是很多的村庄里，一般都是全村人一起参加吃馍粿行动的),所以婺源人打馍粿,对打馍粿的量都放得比较大,一般来说,没有三五斗糯米,是无法完成打馍粿这项艰巨而光荣的任务的。又因为对馍粿的需求量无法进行科学测算,所以每次“做好事”,主人家里总会多出一些吃不了的馍粿(诚朴的婺源人都是这样,在无法准确估算需求量的时候,总是往大的数字靠,宁可预算放宽,也不能让客人们受了委屈,更不能造成馍粿少食客多不够吃的尴尬)。对这些剩下的数量不少的馍粿,婺源人又是怎么处理的呢?

对这些因“做好事”而剩下来的馍粿,婺源人会将它们一个一个地均匀摆在撒有早米粉的晒盘里,让它们自然风干。等需要食用这些馍粿的时候,捡几个摆在盘子里,放到锅中一蒸就又可以食用了。如果是在冬天,因为馍粿可储存的时间会更长,因此有的人家就会在洁白的馍粿正面醮上红点,然后小心地保管起来,作为馈赠亲戚朋友的礼品。

馍粿的主要原料是糯米,而糯米在众多粮食大家庭中又属一种滋补的食物。因此,吃馍粿,对那些体质虚弱、脾胃虚寒、霍乱吐逆、消渴尿多的人是有一定的滋补作用的。我自己就有过许久未食糯米制品而食用一餐糯米饭或馍粿后,一夜都不用出房拉尿的体会。又据老辈人说,在过去的婺源农村,对那些扛木头、烧砖瓦、挑扁担等做重体力活的人群,心疼丈夫或疼爱儿子的厨娘们,都会不时地炒一餐糯米饭帮他们补中益气、增强体质的。

45. 清华婺

从婺源县城出发沿婺清公路一路往北，途经思口镇之后，便是有着千年历史的古镇清华。清华，这座在唐开元二十八年(公元740年)被作为县治所在地的文明古镇，以“清溪萦绕，华照增辉”而得名。长期以来，凭借深厚的文化积淀、优越的地理优势、便捷的水陆交通以及发达的农商经济，清华镇一直是婺源所有乡镇中的翘楚。

从大鄣山与浙源山一路欢歌而来的古坦水与浙溪水，将清华这个本就令人心仪的婺北重镇，又锦上添花地画上“双河晚钓”与“藻潭浸月”两个美景，进而使美丽清华在山与水、天与地、晴与雨、云与烟之间，无可挑剔地构造出一幅幅令人色舞眉飞的天然山水画，如“茱岭屯云”、“寨山耸翠”、“东园曙色”、“如意晨钟”等。这些早已与清华人同风共雨的精美画卷，不但让世居这里的人们心情舒畅，也使来这里观赏的游人如沐春风，如醉香醪。

行走在古老的清华镇上，那自东向西一路蜿蜒的石板长街是它跳动的脉搏，街道两旁那些飞檐戗角及回廊照壁上的徽雕、徽饰是它美丽的皮肤。五老峰是它不老的蛾眉，小西湖是它无邪的明眸，而那位于镇东镇西一老一新的两座长桥，则是清华这位绝世美女的如玉双臂，仿佛在热情拥抱来自四洋五洲的新老宾客，又好像在千年古韵的熏陶中放飞青春的梦想！而那见证了古镇繁华与沧桑的、虽历经雷击电烧风摧雨虐却依然枝繁叶茂的古老苦槠树，更像一位积满皱纹的智慧老人，和蔼慈祥，孑然独立……

“圣地著华川，爱此间长桥卧波，五峰立极；治时兴古镇，尝当年文彭篆字，彦槐对诗。”这幅悬挂在宋代廊桥上的对联，让我醉心于旖旎的“小西湖”畔而浑然忘我；而“米作原材德酿浆，蓬莱美酒倍芬芳。冬

传统工艺

来彩叶羞红日，幕卷流霞满玉缸。太白长安呼大盏，晦庵桑梓叙离肠。元戎两度垂恩顾，更引斯民尽举觞”的韵味，又将我吸引到位于镇中心的清华酒厂，让我感受清华婺那岁月的香醇，心灵的撞击。如果像现代人交往那样一定要清华镇这位佳丽拿出表明自己身份和地位的证明材料的话，我想，古朴的彩虹桥和醇绵的清华婺，将是清华这位明眸皓齿美人最具魅力的两张名片。

彩虹桥，这座燕嘴分水桥上建廊的国家级重点保护建筑，正对绿茵如屏的五老峰与雾霭缭绕的茱岭，右岸是竹丛掩映的村落，东北面则是眼波涟涟、渔舟点点的小西湖。无论是烟雨连绵的季节，还是夕照满山的时辰，人行桥上，桥入画中，画中有像，人景交融。于是，“两岸夹明镜，双桥落彩虹”的灵感，便从这里得到了进一步的启发和升华，于是，一个吟着“宋史皇皇在，唐风隐隐寻。西湖遥结伴，东井近为邻。幽雅宜怀古，辉煌喜见今。谪仙诗境里，能不发清吟？”的诗人也就在这里应运而生了。

有了诗人的抒情，自然也就有了酒的浪漫。诗人和酒，从来就是你中有我我中有你的两个天生不可分割的终身伴侣。如果说彩虹桥是展现清华丽姝妩媚多姿表象的神笔，那么，甘甜绵长的清华婺酒，则将清华美人那淳朴善良多情柔顺的深刻内涵抒写得淋漓尽致。清华婺，这

老字号证书

位出自最美乡村酿造美丽和幸福的超级调情师，“芳香浓郁，口味醇正，酒体丰满，甘洌爽净”，是她坚持不懈的理想，也是所有爱家乡的婺源人一生一世的精神乐园。

清华婺人的这份眷恋与执着，可以从酒厂的工人师傅们上下翻飞的铁铲上看出，可以从满地生香的酒糟里体会，可以从深藏在酒厂内部的古老酒窖中感悟，也可以从制曲到出酒流水线的完美监管上去感受和发现，还可以从清华婺人用诚接物、用信交友、用心酿酒的言行举止中去回味，去思索。

作为一家地处青山秀水间的“中华老字号”，在千年的清风明月与一贯的温良恭俭让中不断催情、发酵，然后向人们倾注出无尽的玉液琼浆，想必是清华婺人最现实最快乐的生活向往。酒以水而活，酒因境而香，人因酒而聚，地以酒而兴。百十年来，清华婺酒，一直是婺源县府为数不多的能拿得出手的响当当的金字招牌。随着清华婺的穿州过府与扬名立万，于是，也就有了伟人的高度评价，也就有了达官显贵们的一往情深，也就有了江、浙、沪、皖、闽等周边地区的热情期待，所有的这些，都无不加深了婺源人对清华婺酒亘古不变的如醉如痴……

漫步在婺源城乡的大街小巷，总会与满载清华婺的送货车不期而遇；如果随便走进一家超市或者酒店，各种档次和包装的清华婺酒，总是被商家摆到最显眼的位置：“中华老字号”、“一品原香”、“烟雨江南”、“雨露江湾”、“天长地久”、“千年彩虹”……美人与美景同在，美味与美梦相依。面对有点“咄咄逼人”的清华婺酒，我深深觉到自己已经置身于一个清华婺的欢乐海洋。在心中，我暗暗地问自己：婺源人的幸福生活，还离得开清华婺的伴奏与升华吗？

清华因山水而美，婺源因村落而秀，饱读圣贤之书的婺源人，也因此变得如清华婺般的清澈与绵醇。吸吴楚天地之灵气,汲鄣山日月之精华的清华婺啊,你让所有至情至性的婺源人,走出了狭隘,走出了满足,并以江西四大名酒的资历与荣耀,让全世界人民感知到“文公阙里”的至善与至美。

徜徉在风光旖旎的梦里老家,品味在古韵犹存的人间仙境,美丽而多情的婺源,既像一首浪漫的长诗,让人心跳,让人缠绵;又像一杯浓烈的美酒,让人兴奋,让人沉醉。在这如诗如酒的人情风景中,一代文豪东坡先生也忍不住穿过云层的帷帐,竹杖芒鞋地向我们潇洒走来:……春寒食后,酒醒却咨嗟。休对故人思故国,且将新火试新茶。诗酒趁年华。

|跋|

随着火热季节的到来,《婺源美食》也火一样激情四射地粲然面世了。屈指算来,为了完成这本能够反映婺源人日常饮食习惯的小册子,我已经牺牲了将近整整两年的业余时间。

毋庸置疑,我先是一个格律诗词的狂热信徒,其次才是现代文学写作的忠诚守望者。我的这份狂热和忠诚,毫无疑问是与中华诗词学会会员朱德馨和中国作家协会会员洪忠佩两位老师的鼓励与帮扶分不开的。而这本小册子的成功问世,则要归功于远在海峡西岸的首届鲁迅文学奖获得者、厦门市作协副主席何况老师。如果没有何况老师的悉心指教和大力促成,我根本没有信心和能力将这本小册子写成并刊行。当然,我也要感谢中国青年出版社的金小凤老师,她的热情和严谨,是我这本书得以顺利诞生的绝不可忽略的重要外因。还有洪慧敏、潘林和胡淑芬三位女史,也是我要感谢的。没有她们友情提供部分美食和美景的图片,本书一定会逊色许多。另外,借《婺源美食》我这第三本个人专著出版发行之际,我还要继续感谢王立书、汪观洪、程中坚、程小平、王庆欣、张常德等诸位异姓兄弟,以及那些曾经同我一起生活、工作过的同事与领导,没有他们一以贯之的激励与呵护,我想我是无法走进文学创作乐园的。

文字写作,甘苦自知。用平和心对非凡态,是我一直秉持的处世风格。今日是母亲节,再过二十四天,也将迎来我四十五岁贱辰,因此我非常乐意将这四十五朵山花聚成一束,作为献给我母亲的礼物。我的母亲,生长在农村,一辈子含辛茹苦,至今还在为我们这个家庭奉献着她的光和热,甚至还为我的写作提供取之不竭的源泉。没有她老人家的辛劳与付出,我根本没有太多的时间坐下来思考和写作。

本书所涉猎的内容，都是与婺源及婺源人有关的日常饮食及相关风俗习惯，也都是我采自乡间田野并加以润色的访问笔记总汇。书中所述，只是对婺源古老饮食文化的管中一窥。因为时间短促和搜集不力，一定还有许多遗珠之憾。因此，本书内容不可能代表婺源美食之全部。至于书中介绍或许与个别读者在生活中的所闻所见有所不同，也是因婺源素来“五里不同腔，十里不同俗”原因所致。因此，请各位看官本着理解与同情的心态，善待此书。余不胜区区感激之至。

方跃明

甲午孟夏写于徽州婺源·静逸书斋